健康减脂乐享轻食

嘟嘟小花牛　主编

中国纺织出版社有限公司

图书在版编目（CIP）数据

健康减脂　乐享轻食 / 嘟嘟小花牛主编 . -- 北京：中国纺织出版社有限公司，2022.2

ISBN 978-7-5180-8621-4

Ⅰ . ①健…　Ⅱ . ①嘟…　Ⅲ . ①减肥 - 食谱　Ⅳ . ① TS972. 161

中国版本图书馆 CIP 数据核字（2021）第 108268 号

责任编辑：范红梅　　责任校对：王蕙莹　　责任印制：王艳丽

中国纺织出版社有限公司发行

地址：北京市朝阳区百子湾东里 A407 号楼　邮政编码：100124

销售电话：010 — 67004422　传真：010 — 87155801

http: //www.c-textilep. com

中国纺织出版社天猫旗舰店

官方微博 http://weibo.com/2119887771

北京华联印刷有限公司印刷　各地新华书店经销

2022 年 2 月第 1 版第 1 次印刷

开本：710×1000　1/16　印张：11.5

字数：128 千字　定价：49.80 元

健康与美味，两者皆可有

在做食谱时我特别纠结，一方面想着从美食的角度出发，令菜肴美观又美味，让读者充分感受烹饪美食的快乐，另一方面又会想着从营养的角度出发，科学且简易地让大家了解食物的合理搭配及重要性。如何权衡健康与美味，这也是很多朋友在日常饮食中的困惑吧。看到某些高能量食品，如腌制腊肉、蛋糕、饮料等，很自然的就把它归类到易发胖的食品中去。看着超市琳琅满目的各种蔬果，又不知道做什么，怎么搭配更好吃且有营养。最后还是买了平日常吃的那几种蔬菜，重复以往的烹饪方式。

健康与美味，难道不能两者兼得吗？好吃与瘦身不能并存吗？答案当然是否定的！结合自己的饮食习惯，寻找最适合的饮食搭配才是最重要的。把美食与营养充分优化，享受健康又美味的食物其实也很简单哟！

这本书里收录了60道菜肴、20款下午茶及甜品，没有刻意强调如何减脂瘦身，而是让您了解食物的多样化搭配，介绍美味且不长肉的创意膳食。让您一目了然地掌握营养搭配，并规划出适合自己的饮食方法。书中的食谱以早、午、晚餐的方式呈现给读者，希望能丰富您及家人的一日三餐。其中的任何一款菜品都可以根据自己的喜好进行调整及自由搭配。每道菜都配有详细的营养成分分析，让您快速了解这道菜的热量。同时还介绍了菜品中的食材功效，并附有轻食瘦身小贴士，不仅让您了解食材的基本信息，同时还告诉您如何搭配有瘦身的作用。如果遇到不喜欢的食材，还有建议搭配的替换说明，让您轻松享受快乐的轻食生活。本书还与大家聊了关于食物搭配、如何寻找适合自己的减肥方法、减肥的小秘密等您日常关心的问题，让您轻松了解到减脂不是你想象的那样烦琐。

从你喜欢的章节开始看吧，或许你会找到一些惊喜！

目录

第八章　20款轻食下午茶助力快乐生活/144

第一篇

简明易懂的轻食瘦身理论

第一章
发胖？你可能对自己的身体状况不够了解

你真的胖吗？有一种感觉是你以为自己胖了！

“我也想和某明星一样瘦，多漂亮啊！”“上个月新买的裤子，这个月竟然穿不上了，今天不吃饭了！”“最近接连有饭局，大吃了好几天，我要开始节食了！”减肥的理由好像总是特别多，而且看似都很合理！那么问题来了，体重多少最合理？标准是什么？瘦到什么程度才算是完美身材？

身体指数（BMI）是世界公认的标准，又称为体重指数，体重（kg）除以身高（m）的平方得出的数值。我国把BMI范围设定为：18.5以下为偏瘦，18.5~23.9为正常范围，24.0~27.9为超重，28以上为肥胖。这个数值可以作为某些慢性疾病及癌症风险的指标。有些看似瘦小的女生，骨骼小，肌肉少，但脂肪较多，自然体脂率就高，属于肥胖范围。这样体质的女生随着年龄增长及生育，更容易出现慢性疾病。反而看似强壮的女生，肌肉比例很高，脂肪较少，体脂率就很低，属于标准体重。有些看起来臃肿肥胖的女生，可能是水肿引起的皮下肌肉松弛，代谢率低，下半身臃肿，身材比例不协调。所以胖瘦与否要看自己的体质，通过对体脂率、血糖、基础代谢率等的分析，排除骨骼、水肿等因素。

抛开遗传、药物及环境等因素引起的慢性代谢性肥胖。95%以上的肥胖都属于单纯性肥胖，主要是由于我们后天的饮食与生活习惯导致的。

体形胖瘦循环往复，减肥计划周而复始！

有些人从来不吃早餐，习惯把早午餐合并在一起，以为这样既能满足所需营养，又能减少一次烹饪过程。把下午饭当晚餐吃，半夜再来顿宵夜是大多数年轻人的饮食方式。这样的饮食习惯让体重起浮不定，少食或节食一段时间后体重陷入瓶颈期，控制体重需要更严苛的饮食才可以。但是严苛的饮食会让你慢慢对食物失去欲望，暴饮暴食后的饥饿，让你心情极度低落，看到美味的食物会无法控制地想吃。胃肠负荷过重导致代谢率、体脂率异常，甚至出现内分泌紊乱等状况。不良的进食习惯使你游走在胖瘦之间。

所谓“意志坚定的节食”，可能会导致神经性厌食症

感觉自己不够瘦，要瘦成一道“闪电”。于是每天靠几片水煮青菜和各种果蔬汁“活着”。拒绝碳水化合物，三餐不固定，终于变身“骨感美”。但是这类人群往往一看到肉类或油脂食物就开始出现排斥反应，心理暗示自己“吃一口就会胖”，并伴有恶心、反胃的生理反应，最后导致完全没有食欲，甚至对食物有恐惧感，对生活失去动力与激情，还会出现血脂异常、内分泌紊乱等健康问题。

所谓“大吃一顿放松心情”，可能会导致暴食症

白天上班，工作压力大，导致情绪上的波动。回到家或下班后，便开始解放自己，开启暴饮暴食模式。最后演变成情绪式饮食，控制不住饭量，看什么都想吃。

过度节食或暴饮暴食有多可怕

我想和大家聊聊过度节食和暴饮暴食的可怕后果，身体会出现以下六种状况：

•脱发，皮肤粗糙，脸色不好。节食导致蛋白质和矿物质摄入不足，身体机能无法正常维持，会出现毛发脆弱，皮肤松弛、干燥、无光泽，涂多少化妆品都无法拯救你的皮肤。

•激素分泌失调。激素分泌异常会出现甲状腺功能衰退、胰岛素功能障碍，代谢率缓慢。代谢出现问题，就会陷入怎么节食都瘦不下来的怪圈。

•消化系统出现问题。节食或暴饮暴食等不规律的饮食习惯对胃肠黏膜都有损伤。消化液分泌不足，吸收率也会降低。三餐不按时吃，胆结石和胃溃疡就会“登门到访”。

•记忆力减退，反应迟缓。不好好吃饭，蛋白质及糖类物质供应不足，神经系统得不到充足的营养，会出现反应迟钝、记忆力下降、失眠，以及身体免疫力降低的现象。

•慢性疾病与你为伴。不要以为“三高”只有胖子才有，过度节食也会引起尿酸升高。身体摄入高蛋白食物过多，会产生大量酮体，酮体会抑制尿酸排出。

•营养不良性水肿。反复的暴饮暴食、节食，会导致蛋白质摄入不足，维生素及矿物质跟不上，肠胃吸收变慢，身体出现水肿。

不正确的饮食习惯，会让你做出错误的选择——低营养、低纤维、高脂肪的食物。不要刻意去减肥，先试着改变你的饮食方式和习惯吧。

第二章 寻寻觅觅，你找到适合自己的饮食方式了吗

“两高两低”的饮食方式：高营养素密度+高饱腹感+低烹饪+低GI

•高营养素密度。你的胖瘦，营养素密度说了算。食物“营养素密度”又称“营养质量指数”，是食物营养价值和营养流行病学调查的评价指标。在减肥中选择营养素密度高的食物，就能从有限的食物热量中得到更多的营养素，达到既能瘦身又无损健康的效果。若为了少吃而选择高热量的食物，则容易造成严重的营养不良，出现代谢异常，很难达到瘦身的目的。

•高饱腹感。饱感可分为饱足感和饱腹感。当胃空（饥饿）时，它会给大脑发出信号，提示饥饿状态，此时摄入充足的食物就会有饱足感。另外饱感与血糖有关，当血糖低时，饱感就会下降，饥饿感上升。而饱腹感是感观上的满足，即没有兴趣再吃东西了。最佳的减肥方式是在保证能量一定的前提下，尽量延长饱腹感的时间。

•低烹饪。同样的食材，你会选择怎样的烹饪方式？比如土豆，你会选择炒土豆片，还是蒸土豆？“少油、低烹饪”是减肥效果最佳的烹饪方式。一份凉拌菜，你可能只用到5g食用油。而一份炒青菜，你也许会用15g油脂来烹饪。很多时候，食材的烹饪方式对减脂效果的影响更重要。

•低GI。GI是指血糖指数，低GI食物更能产生饱腹感，有利于控制体重。当主食的咀嚼速度变慢，消化吸收速率也会变慢，进食后血糖上升就会平稳。低GI食物有利于推迟饥饿感，控制食欲。容易消化的食物越容易导致血糖升高！血糖升高会使胰岛素浓度增加，进而使血糖浓度快速降低，使人有饥饿感，这时你就又想吃东西了。

打破以往的吃饭规律：吃饭顺序让你不再发胖

你是不是这样吃饭？先就着肉或炒菜吃几口饭，然后喝汤，最后吃水果？或者

先吃菜和肉，不吃主食，感觉油腻的时候再来几口汤菜或水果？这样做的后果是血糖、血脂一路飙升！很多血糖高的人不敢吃主食和蛋奶类食物，他们认为吃菜是最安全的，甚至连水果也不敢吃。然而饮食过于单一反而不利于血糖控制，血糖忽高忽低就像坐过山车。

试着在饭前先吃一份水果，先喝半碗蔬菜汤，或者餐前来半杯牛奶，再吃适量凉拌菜，然后再开始吃主食。最好的饮食方式是一口肉、大口菜、小口主食。这样蛋白质摄入就很充足，膳食纤维也有保障，吃的蔬菜也足够量。你会发现这样既控制了主食的量，又很有饱腹感，各种营养也都摄入到了。最主要的是你吃饱了，食量也控制了。

遵循不易发胖的饮食原则：控制摄入量+合理搭配

三大营养素的能量分配是怎样的？一般认为，能量的来源中蛋白质占10%~15%，脂肪占20%~30%，碳水化合物占55%~65%。在日常饮食中，我们要注意食物多样化，保证摄入充足的营养素，满足人体的需求。

•一半量的主食应该选择全谷物、豆类食物。精制米、面的碳水化合物含量高，不利于血糖控制，而且膳食纤维较少，影响肠道菌平衡。

•蔬菜每天要吃500g（深色蔬菜占200g最佳）。摄入蔬菜能提高饱腹感，还能补充微量元素、维生素及抗氧化物质。这里说的蔬菜包括蘑菇、海藻类。但是蔬菜不能代替主食。

•每天摄入充足的鱼类及豆制品。充足的蛋白质可以减少肌肉流失，维持基础代谢率。不过蛋白质过量会加重肾脏负担，增加心脑血管疾病的患病风险。

•控油控盐，减少过多（复杂）的烹饪。多用蒸、煮、凉拌的方式来烹饪食材，口感好的同时还能减少油脂摄入。另外要减少盐的摄入量，养成最后调味的烹饪习惯。尽量避免复合性调味料，尝试用辣味、酸味来调和食物的味道。

•除酸奶等奶制品外，日常尽量不食用甜味饮料和加糖食品。

•每天水果不要超过300g，坚果以30g为佳。用水果代替正餐，不仅会增加碳水化合物的供能，而且也不利于血糖的控制。

•养成良好的饮食习惯。按时、合理地分配一日三餐，餐前先喝汤，吃饭不要太快，养成细嚼慢咽的习惯。

无论是减肥期饮食还是日常饮食，都没有绝对不能吃的食物，我们要做的是控制摄入量，巧妙并合理地搭配食物。即便偶尔放纵大吃一顿，在接下来的饮食中调整好食物搭配也是可以的。吃好一日三餐，平衡营养，才是真正的瘦身之法。

第三章 合理搭配膳食，乐享轻松饮食

怎么吃主食才不会发胖？主食不是减肥路上的拦路虎

什么是主食？主食指各种米面制品，包括燕麦、小米、玉米等。豆类一般有红豆、绿豆、豌豆等；薯类包括土豆、红薯、山药等。

减肥不代表一口主食都不吃，每天吃50~100g主食为佳（烹饪前重量）。如果把一半主食换成淀粉含量高的豆类、杂粮或薯类就更完美了。注意是替换一半量的主食，不是完全代替哦。吃一碗白粥，你可能1~2小时后就会觉得饥饿；如果吃一碗红豆薏米粥，饱腹感会延长到3~4小时。吃杂粮主食能推迟饥饿，控制血糖，更有利于减重。相反一味地吃菜，会摄入更多的油脂和钠，对身体健康不利，对控制体重也没有帮助。

那么什么是优质主食呢？首先是淀粉类豆类。可以用豆类代替一半主食，淀粉类豆类饱腹感强，消化吸收慢，升糖指数低，血糖上升得慢。这里的豆类不包括黄豆和黑豆。其次选择精米搭配其他粮食。如杂粮粥、杂粮饭等，增加矿物质、纤维素的摄入量，对控制血糖和平衡肠道菌群都有好处。最后是淀粉类食物。如用蒸土豆代替半碗米饭；精面粉加山药制成馒头或发糕等。淀粉类食物可以弥补精米中缺少的维生素。莲藕、芋头都属于淀粉类食物，富含膳食纤维以及钾等矿物质。淀粉类食物应选择蒸、煮的烹饪方式，尽量不添加调味料。

是不是多吃果蔬就会变瘦？

1.果蔬是否可以帮助瘦身？

我听到最多的话就是“多吃蔬菜和水果不会胖，晚餐吃份沙拉减肥吧。”多吃蔬菜可以减少碳水化合物的摄入量，膳食纤维也会增加，膳食纤维可以增加食物体积，提高饱腹感，延缓消化，看起来确实有利于减肥。但是多吃蔬菜并不能真正的降低体重。仅增加蔬菜摄入或者只吃蔬菜，不是真正意义上的瘦身，会导致体重忽高忽低。

若只吃水果，体重看起来有所下降，但不是真正的减脂。只吃水果会导致肌肉无力，甚至会发生水肿。所以吃水果也要限量，水果中过多的糖会降低胰岛素的敏感度，影响身体代谢。因此，合理安排水果的摄入量才能有效减重。

2.怎样合理吃蔬菜?

把主食与绿叶蔬菜或根茎类蔬菜混合在一起吃，是很好的减重方法。这样能减少碳水化合物的摄入量，而且能提高饱腹感，有利于控制体重。很多人不爱吃蔬菜，可以尝试不同的烹饪方式，如蒸饭菜、蒸菜糕，只需要进行简单调味就可以让食物很美味。

3.怎样巧妙吃水果?

在用餐前吃水果，可以减少主食的摄入。若晚餐只吃水果，会导致蛋白质供应不足，不利于身体健康。如果特别想晚餐时吃水果，可增加一份蛋白质食物，如水煮鸡蛋、蛋白质粉等。

吃肉有利于减肥吗?

“吃肉减肥”的饮食原则是高蛋白、高脂肪和低碳水化合物，饮食中少吃谷物和水果。“吃肉减肥”强调要多摄入动物蛋白质，避免因为饥饿而引起大量进食。因为减少了碳水化合物的摄入，人体为获得能量，就会分解脂肪。

这种吃法确实可以短期控制体重，不过长期来看，这种饮食方式会令体内胆固醇过高，出现心脏或血管问题，同时也会增加肾脏和肝脏的负荷。多吃蔬菜可以补充大量的钙、镁等元素，平衡电解质。可用植物蛋白代替一部分动物蛋白质，降低嘌呤含量，减轻肾脏负担。

奶类及奶制品能不能减肥?

减肥期间要注意补钙，可以预防肌肉松弛。当你想吃甜食时，可以选择牛奶、酸奶或低糖奶制品。牛奶中可以添加少许坚果，也可以把酸奶冷冻做成酸奶沙冰。即便是乳糖不耐受的人也可以喝酸奶（餐后或两餐之间喝）。另外，牛奶、酸奶也可以用来做中式面点或低脂低糖的西点。所以在你错过一餐时，牛奶及奶制品是不错的选择，饱腹、低卡，还能补充能量。

食物能量高低是你可以选择的

1.“干货”的能量比较高

把薯类做成干、肉做成干、蔬菜菌类晒成干，其能量就会增加。比如，红薯晒成干后糖分浓缩，摄入过多容易发胖。如果煮成红薯粥，小小的一碗就会让你很满足。

2.抗性淀粉能量较低

抗性淀粉不易消化，其能量也较低。抗性淀粉会直接进入大肠，有预防肠癌、控制血脂的作用。如全谷物的杂粮、薯类都含有抗性淀粉。

第四章
减肥还需要了解的小秘密

如何选择餐食的规格？

点餐时尽量选择小份量，大份量的食物摄入的能量容易超标，不利于控制体重。买包装类的食品时也应选择小份，把食品分成小份，利于控制食用量。或者找三五好友一起分享，边吃边聊也有利于控制摄入量。需要带饭时也要选择小餐盒，但食材应尽量丰富。

怎样的进食速度才是瘦身的秘诀？

与整颗的食物相比，打碎会更利于吸收。我们要尽可能地咀嚼食物，以延缓进食速度，摄入的能量也就自然下降了。但这不是决定一个人胖瘦的关键因素，个人的体形和饮食结构密切相关。一般认为，碳水化合物吃的多，蔬菜吃的少，就容易发胖。另外，吃得太快会让下丘脑的饱中枢来不及反应，不能及时控制食量。所以想要预防发胖，细嚼慢咽是很有必要的。

如何减少吃蛋糕的“罪恶感”？

如果生活中没有一点点甜是多么无趣啊，有什么好方法即可以满足口腹之欲，又不会发胖呢？

•选择动物奶油制作的蛋糕，拒绝人造奶油。人造奶油中含有大量的反式脂肪酸，会增加低密度脂蛋白（也叫坏胆固醇）的密度，从而降低高密度脂蛋白（也叫好胆固醇）的密度。反式脂肪酸在人体内极不易被消化吸收，容易在腹部积累，从而导致肥胖。

•选择小块的蛋糕，不选大块。很多蛋糕店的蛋糕会有大小块之分，一般大块蛋糕会打折促销，很多人觉得划算就会买大块，但这样就会摄入过多热量及脂肪。选择小块的蛋糕，吃的自然就少了。

•蛋糕餐前吃最佳。动物脂肪会让人有很满足的饱腹感，先吃蛋糕可以减少其他食物的摄入量。

•吃蛋糕时要搭配无糖茶或黑咖啡。茶和黑咖啡可以中和蛋糕的甜腻，黑咖啡苦中带甜，适合细细品味，也有利于延缓进食速度。

•增加维生素C和粗纤维食物。这类食物有利于糖、脂肪代谢，降低高血糖和高血脂的发生概率。吃完蛋糕的几天内，饮食结构要调整好。

如何涮火锅更健康?

•先涮鱼肉、虾滑等蛋白质含量高、脂肪含量低的食物。这样有利于补充丰富的蛋白质，同时增加饱腹感。

•然后选择涮一些蔬菜类食物，包括淀粉类及根茎类蔬菜，如萝卜、南瓜等。这些蔬菜含有大量的膳食纤维和维生素，可代替大部分主食，而且餐后血糖也不会升高。

•最后涮少量的肥牛、羊肉，这类食物要尽量少吃。应选择新鲜、偏瘦的部位，同时注意摄入量。

•汤底选择清水或无油番茄、菌类锅底。如果想吃辣味，可以在蘸料上调整，加少量的辣椒油或者小米椒。饮品以茶或柠檬水代替高糖饮料。

为什么一到冬天就长肉?

大多数人一到冬天食欲就很好。天气寒冷时，人们为了御寒，会选择高蛋白、高脂肪、高淀粉的食物来储备热量。这时运动量、出汗都会减少，代谢率也开始降低，长肉是必然的。所以在饮食上，我们也要随着季节变化做适当调整。如改变宵夜习惯、尽量避免晚餐摄入过量高脂肪食品。餐前可以喝些汤，暖身的同时增加饱腹感。适当吃些辣椒、甘蓝、番茄等维生素含量高的食物，有助于加快代谢。适当在家做些运动，保持体重和身形。

到了夏天别人都瘦，为什么我反而胖了?

经常听到身边朋友说："夏天代谢速度快，而且自己食欲不好，吃不下饭，为什么还是瘦不下来？"我问她们都吃了什么，答案是"水果、冰饮！"问题就出在这里！

夏天水果种类丰富，西瓜、樱桃、香瓜、水蜜桃，等等。有些人拿水果当饭吃，每日的水果摄入量远远超出推荐的300g，水果中的糖分会转化成脂肪存储在体内。冰饮亦是如此，一瓶果汁的含糖量在60g左右。若白天喝冰饮，晚上把水果当主食，多快的代谢速度也跟不上你的摄入量呀！

为什么杂粮粥更能稳定血糖?

杂粮粥的消化速度比白米粥慢，餐后血糖上升速度慢，能量释放较为缓慢。这样就不容易出现餐后血糖难控制的问题，也不容易因为饥饿而造成低血糖。较低的餐后血糖，不需要动员大量胰岛素。胰岛素一旦升高，便不利于脂肪酸的代谢；相反却会促进脂肪的合成，这对减肥是极为不利的。所以喝杂粮粥可以让人长时间精神饱满，又不容易出现肥肉上身的麻烦。杂粮之所以能帮助减肥，并不是因为杂粮本身所含热量低，而是因为其可以减少精米面的摄入，同时帮助平缓餐后血糖。

吃什么零食能缓解饥饿感且摄入能量最少呢?

如果你还选择饼干、巧克力、蛋糕等食物来充饥，那说明你没有好好阅读我之前写的内容。在这里我还是要不厌其烦的说几句啦！

纯牛奶、无糖豆浆或豆粉、无糖谷物杂粮粉、酸奶是优先的选择。其次是干果类，如牛肉干 、蓝莓干、蔓越莓干以及自然晾晒的水果干、地瓜干等耐嚼性食品，但要注意摄入量，不要大把大把的吃哦。同时可搭配无糖黑咖啡或无添加的茶饮、柠檬蜂蜜水，也可以在办公室泡一杯花茶。

单一食材真的能快速瘦身吗?

是否会造成肥胖，是否能有减肥作用，不是由一种食物决定的。每日能量摄入多了，消耗的能量少了，身体就会把多余的能量以脂肪的形式储藏起来，结果就是肥胖。传说中的单一“减肥食品”，是不可能把身体所需的营养都供应充足的。比如，有人听说苹果可以减肥，就天天把苹果当饭吃；听说黄瓜、番茄热量低，海带、蘑菇纤维高，就天天只吃这几种食品，这是不科学的方式。因为每一类食物的营养成分不同，只盯着少数食物吃，必然会造成营养素不平衡，体重忽高忽低，严重的甚至出现营养不良。如果只吃上述这几种食物，必然会导致蛋白质、钙、铁、锌以及维生素B_1、维生素B_2、维生素A和维生素E的严重不足。不仅没有起到减肥的作用，还会引起身体不适或代谢紊乱。

吃麻辣烫到底能不能减肥?

吃麻辣烫减肥的作用并不大，经常食用还可能造成肥胖。虽然麻辣烫是煮青菜，但煮菜的汤并不经常更换，里面含有大量的草酸、亚硝酸盐等成分，不利于代谢和消化。而且麻辣烫当中有大量的白糖、芝麻酱、麻油、辣椒油等调味料，盐的成分也很高，这些都对不利于控制体重，所以吃麻辣烫对减肥的意义不大。

第二篇

操作简单的轻食瘦身食谱

第五章 20款 元气满满的活力早餐

关于早餐，我想说的话

你是不是经常遇到以下情况？“早上想多睡一会儿，实在懒得做早餐。”“昨天晚上和朋友吃饭又吃多了，到现在一点儿都不饿，等饿了再说吧。”“单位抽屉里还有上次买的曲奇饼干和水果麦片，早餐对付一口，中午好好犒劳一下自己。”不吃早餐的危害，人人皆知。为什么还有很多人不吃早餐呢？归根结底就是三个字：怕麻烦！

按时吃早餐不仅可以提高工作效率，精力也更充沛。丰富的早餐易产生饱腹感，避免下一餐因饥饿而进食过多，导致肥胖。早餐要尽量丰盛一些，如牛奶、蛋肉类、豆类可随意组合，蔬菜水果也不能缺少，燕麦粥、自制全麦制品等都是不错的选择。早餐要做到多样化，尽量不要与午餐、晚餐重叠。早餐吃过的蔬菜和肉类，尽量不要出现在午餐与晚餐中。要注意增加膳食纤维等高饱腹感的食物，也要注意摄取足量的营养元素。如果想健康减脂，控制体重，早餐还真是不能偷懒哦！

为了节约时间，同时减少食材的摄入量，我们可以把碳水化合物、脂肪及蔬菜在一起烹饪。如蔬菜炒饭、土豆培根、蔬菜沙拉、杂粮饭与蔬菜卷饭团等。另外，吃早餐一定要保持愉快的心情，这不仅会让人胃口大增，还能帮助身体更好地代谢。早餐的口味可以随意选，按自己的喜好进食，注意不要过量，满足膳食均衡就好。

当然，偶尔也可以放纵一下，把高蛋白、高脂肪的食物作为对自己的奖励。周末约家人和朋友外出聚餐，可以适当选择一些平时很少吃的高蛋白、高脂肪食物，但要搭配蔬菜和粗纤维食物。用餐时注意不要摄入过多高胆固醇的食物，聚餐之后的饮食要及时调整，让身体适应正常的饮食规律。

本章精选了20款活力营养早餐，打破豆浆油条、白粥炒饭的单一搭配，带给您更多样化的主食创意吃法与轻烹饪方式。有传统中餐的新吃法，更有创意低热量的西式早餐。简单快捷易操作，十几分钟即可搞定元气满满的精致早餐。不仅适合减重期的你，更可以丰富全家人的早餐样式，健康美味一举两得！

全麦蛋肠蔬菜卷饼

1人　15分钟

轻食瘦身小贴士

全麦面粉含有亚麻油酸等不饱和脂肪酸及卵磷脂，能预防心血管疾病，防止胆固醇在血管中堆积，有助于脂肪分解。多吃全麦面粉有助于抑制血糖升高。

食谱营养成分[①]

总热量：372kcal
蛋白质：22.4g
脂肪：12.8g
碳水化合物：42g
纤维素：0.3g
B族维生素：0.5mg

① 注：因选用食材品牌、原料产地等不同，数据会有一定的偏差。

材料

全麦面粉50g，鸡蛋1个，香肠50g，生菜10g。

调味料

玉米油3g，多味辣酱、烧烤料、番茄酱各适量。

食材功效

全麦面粉中的B族维生素及矿物质，可以调节神经系统，缓解压力，帮助入眠，提高人体生理机能和免疫力。

做法

❶准备食材，将多味辣酱、烧烤料、番茄酱混合成酱汁。
❷全麦面粉加清水调成糊状。
❸平底锅刷底油，倒入面糊后摊平。
❹打入鸡蛋，均匀铺在面糊上。
❺翻面煎制，刷上酱汁，放香肠、生菜。
❻趁热卷起即可出锅。

烹饪小提示

1. 面糊状态需呈黏稠状。
2. 辣酱、烧烤料、番茄酱混合成酱汁时可加入适量清水，总用量控制在20g内，不要刷太厚。
3. 最好选择自制香肠或低盐香肠。

建议搭配

鸡蛋、香肠、生菜一起食用，不仅营养均衡，更能提高饱腹感。搭配五谷豆浆、牛奶等，可以增加营养，让精力更充沛。注意酱汁的用量，可用水稀释一下，减少钠的摄入。

1	2	3
4	5	6

西芹花菜奶油烩饭配煎蛋

1人 15分钟

轻食瘦身贴士

西芹可以利尿消肿，其所含的粗纤维有利于肠道蠕动，帮助分解脂肪，防止大肠癌的发生。花菜中的纤维素可提高饱腹感，避免能量摄入过多。鸡蛋可以均衡营养，让早餐更丰富。

食谱营养成分

总热量：373kcal
蛋白质：17.5g
脂肪：15.8g
碳水化合物：42.4g
纤维素：4.2g

材料

西芹50g，花菜50g，洋葱20g，糙米燕麦饭（熟）100g，鸡蛋1个。

食材功效

西芹中含有降血压的物质，特殊的气味可以稳定情绪，缓解心绪不宁。

调味料

牛奶200g，橄榄油3g，黑胡椒粉、盐各适量。

做法

❶准备食材，西芹、花菜、洋葱切碎。
❷锅内倒少许油，放西芹、花菜、洋葱炒香。
❸加入牛奶搅拌均匀。
❹放糙米燕麦饭翻炒。
❺加盐、黑胡椒调味。
❻炖煮10分钟，出锅码放在盘内。
❼平底锅倒底油，打入鸡蛋，煎至金黄，搭配在烩饭上即可。

烹饪小提示

1. 烩饭内可少加点清水。
2. 蛋黄不要煎透，有溏心最好。

建议搭配

可用西蓝花代替花菜，也可加入胡萝卜、豌豆、油菜等蔬菜作为调剂。

红酒牛肉贝果汉堡配番茄苹果沙拉

1人 15分钟

轻食瘦身小贴士

洋葱搭配牛肉，不仅可以增加口感，而且洋葱中的维生素C有分解脂肪的作用，预防心血管疾病，防止高血脂症引起的肥胖。苹果搭配番茄，丰富的纤维素可促进身体代谢。

食谱营养成分

总热量：518kcal
蛋白质：27.4g
脂肪：15.8g
碳水化合物：65.8g
纤维素：9.5g
维生素C：39.6mg

材料

全麦贝果面包1个（约110g），牛肉馅60g，洋葱40g，生菜5g。红酒15g，橄榄油5g，盐、黑胡椒、罗勒碎、牛至叶各适量。

番茄苹果沙拉

小蕃茄6颗，苹果50g，培煎芝麻沙拉酱5g，黑胡椒、柠檬汁各适量。

食材功效

洋葱中的抗氧化成分非常高，几乎含所有的类黄酮成分，其中的矿物质能提高人体免疫力，有抗病毒的作用。

做法

❶准备材料，洋葱切丝，生菜洗净备用。
❷牛肉馅用红酒、盐、黑胡椒、罗勒碎、牛至叶腌制10分钟。
❸锅内倒少许油，放入腌制好的牛肉馅，堆成圆饼状。
❹肉饼煎至两面金黄，放洋葱丝，利用剩余的油把洋葱炒香。同时加入红酒提味。
❺制作番茄苹果沙拉：将小蕃茄、苹果切块，放入盘中，用调料拌匀。
❻全麦贝果面包中间切开，放切好的生菜、牛肉饼、洋葱丝，蕃茄苹果沙拉。

烹饪小提示

1. 牛肉饼不要煎制过久，以免口感不佳。
2. 沙拉酱不要放得过多，控制脂肪和钠的摄入量。
3. 可在前一天晚上把肉饼煎熟，隔天早餐加热一下更能节省烹饪时间。

建议搭配

搭配果蔬汁、豆浆、牛奶均可。要注意避免摄入过多糖分。

1 | 2 | 3
4 | 5 | 6

藜麦鸡肉丸配油醋苦菊

2人 25分钟

轻食瘦身小贴士

藜麦有助于调节内分泌系统，可预防高脂血症，有减肥的功效。高膳食纤维对健康大有裨益，其所含脂肪中不饱和脂肪酸占83%。藜麦是低果糖、低葡萄糖的食物，与零脂肪、高水分的苦菊搭配，让早餐更丰富。

食谱营养成分

总热量：380g

蛋白质：44.6g

脂肪：7.5g

碳水化合物：32.4g

纤维素：8.4g

材料

藜麦30g，鸡胸肉150g。

调味料

料酒、盐、胡椒粉各适量。

苦菊沙拉材料

苦菊100g、小番茄60g。

油醋沙拉汁调味料

橄榄油2g，盐、黑胡椒、柠檬汁各适量。

食材功效

藜麦是高营养、高蛋白的谷物。藜麦胚乳占种子的68%，其蛋白质含量高达16%~22%，比牛肉中的蛋白质含量还高。具有均衡补充营养、增强机体功能的作用。

做法

❶准备食材，苦菊切段、小番茄切块。

❷藜麦洗净浸泡40分钟，沥干水分备用；切好的蔬菜放入大碗内。

❸鸡胸肉切小块，加入盐、黑胡椒、料酒，放入料理机打成泥。

❹打好的鸡胸肉搓成球，滚上藜麦粒。

❺藜麦鸡肉丸上锅蒸25分钟。蒸好的鸡肉丸码放到盘内，搭配苦菊沙拉，食用时淋油醋沙拉汁即可。

烹饪小提示

1. 鸡肉丸不要太大。
2. 可提前一天晚上把藜麦鸡肉丸蒸熟，第二天早餐时加热一下，更能节省烹饪时间。

建议搭配

可搭配五谷米粥或者牛奶、豆浆。藜麦可用裸燕麦片代替，口感更软糯。

黑麦香草佛卡夏

2人 70分钟

轻食瘦身小贴士

迷迭香的花和叶子具有抗氧化作用，可以分解脂肪，促进血液循环，降低胆固醇，抑制肥胖症，具有减肥的功效。番茄中的维生素与番茄素有抗氧化作用，有助于抑制心血管疾病的发生。

食谱营养成分

总热量：641kcal
蛋白质：17.7g
脂肪：13.7g
碳水化合物：115.7g
纤维素：18.4g
维生素C：7.0mg

材料

黑麦面粉150g，酵母2g，盐3g，清水85g，橄榄油10g，番茄50g，迷迭香碎5g，黑橄榄10g。

食材功效

佛卡夏是一款原产于意大利的扁面包。可以加洋葱、番茄及各种香料进行烤制，口感比较脆韧。热吃香脆，冷吃软韧；而且低糖低脂，是很健康的主食。

做法

❶准备食材。
❷黑麦面粉、酵母、盐、清水、橄榄油、迷迭香等混合揉成面团。
❸揉好的面团松弛15分钟。
❹番茄切小块，用橄榄油拌匀；黑橄榄对半切开。
❺烤箱预热，烤盘涂抹适量橄榄油，面团平铺放入烤盘内；用手指在面团表面按压出一个个小洞。
❻面饼上依次放入小番茄、黑橄榄。
❼放入烤箱内，发酵20分钟后，上下火各180度烤25分钟，烤至表面金黄。

烹饪小提示

1. 橄榄油加迷迭香，提前混合更入味。
2. 面团不用揉出膜，表面光滑即可。
3. 清水不要一次加入，分次加入。每种面粉吸水量不同，水量可适量增减。
4. 可提前一天晚上烤制佛卡夏，隔天早餐加热一下更能节省烹饪时间。

建议搭配

搭配培根、洋葱或者甜椒均可，但是需要注意油脂的摄入量。

蟹柳秋葵蛋吐司三明治

1人 15分钟

轻食瘦身小贴士

秋葵是低热量的食物，含水量高，脂肪很少，每100克秋葵只含有0.1克脂肪。秋葵富含蛋白质、钙、磷等营养物质，是减脂佳品，非常适合减肥者食用。

秋葵中的黏液含有水溶性果多糖、果胶与黏蛋白，可以缓解人体对糖分的吸收。与鸡蛋、蟹柳搭配非常合适。

食谱营养成分

总热量：439kcal

蛋白质：24.9g

脂肪：10.89g

碳水化合物：60.2g

纤维素：7.4g

材料

即食蟹柳4条，秋葵4根，鸡蛋1个，全麦吐司2片。

调味料

沙拉酱5g，黑胡椒粉、盐各适量。

食材功效

蟹柳肉，是以各种海水鱼鱼糜或蟹肉为原料的一种高蛋白、低脂肪食品。

做法

❶准备食材。
❷秋葵去根洗净，放滚水焯熟备用。
❸鸡蛋煮熟后去皮、压碎，用盐、黑胡椒、沙拉酱调味。
❹吐司片依次放入鸡蛋碎、蟹柳、秋葵，上面再盖一片吐司片。
❺用面包纸或保鲜膜把食物包裹起来，切开即可。

烹饪小提示

包裹三明治时要裹紧一些，以免三明治松散不成形。

建议搭配

可搭配一份苹果或草莓，也可将水果与牛奶榨成果乳；注意不要再额外加糖哦。

油煮青菜汤面

1人 15分钟

轻食瘦身小贴士

油煮菜很适合减肥期间食用，油脂摄入少，同时保留青菜的营养价值。搭配饱腹感极强的荞麦面，不仅可以减少食物摄入量，还可促进脂肪分解。

食谱营养成分

总热量：238kcal

蛋白质：7.8g

脂肪：3.1g

碳水化合物：44.2g

纤维素：4.1g

材料
荞麦面条60g，油麦菜30g，香菇10g。

调味料
香油3g，盐、胡椒粉，鸡精各适量。

食材功效
油麦菜的营养价值略高于生菜，含有大量维生素C及膳食纤维，可帮助机体代谢。

做法
❶准备食材，香菇切片，油麦菜切小段。
❷荞麦面放滚水中煮至开锅，再煮8~10分钟捞出，盛入碗内。
❸香蘑放滚水内焯水，再与油麦菜一同煮熟。
❹加入香油、盐、胡椒粉、鸡精调味。
❺煮好的面条放入碗内。

烹饪小提示
调料最后加入更有味道，也避免了摄盐过量。

建议搭配
油麦菜也可用油菜或芥蓝叶等绿叶菜代替；香菇一定要提前焯一下水。另外，食用时也可搭配一枚鸡蛋。

奶酪玉米火腿吐司

1人 15分钟

轻食瘦身小贴士

全麦吐司无油无糖，可以减少过多脂肪和糖的摄入，加适量玉米粒可有助于降低胆固醇，保护心血管，防止动脉硬化的发生。

食谱营养成分

总热量：348kcal

蛋白质：20.1g

脂肪：8.3g

碳水化合物：47.9g

纤维素：6.2g

钙：236.1mg

材料

全麦吐司1片(约110g)，玉米粒（熟）20g，火腿30g，洋葱10g。

调味料

番茄酱5g，马苏里拉奶酪10g。

食材功效

全麦面包中的全麦面粉属于高纤维食材，比精面更有利于减肥，同时还有助于缓解血糖升高。

做法

❶准备食材，火腿、洋葱切丁，与玉米粒混合备用。
❷吐司涂抹番茄酱放入平底锅内。
❸把玉米粒、洋葱、火腿丁放在吐司上。
❹撒上马苏里拉奶酪,盖上锅盖，小火烤制10分钟即可。

烹饪小提示

1. 冷冻的玉米粒可以提前用水焯一下。
2. 也可用烤箱烤制，上下火180度烤5分钟。

建议搭配

洋葱丁可用胡萝卜、彩椒等蔬菜替换。饮品可搭配米糊或豆浆。马苏里拉奶酪不建议加入过多。

1 2 3 4

彩虹吐司

1~2人　15分钟

轻食瘦身小贴士

全麦面包搭配蔬菜和肉蛋，丰富的维生素C可以帮助体内脂肪分解。多层吐司加蔬菜还能提高饱腹感，延缓血糖升高，促进消化。

食谱营养成分

总热量：531kcal
蛋白质：29g
脂肪：15.4g
碳水化合物：69.7g
纤维素：9.9g
钙：283.7mg
镁：126.2mg

材料

全麦吐司4片，鸡蛋1枚，火腿20g，紫甘蓝20g，彩椒20g，南瓜20g。

调味料

橄榄油2g，焙煎芝麻沙拉酱、黄芥末酱、番茄酱各5g。

食材功效

全麦面包富含多种B族维生素及粗纤维，还有抗氧化成分亚麻酸，可以提高代谢，增强人体抵抗力。同时有助于瘦身、预防糖尿病等疾病的发生。而且全麦面包有助于缓解紧张和疲劳感，能快速释放能量，有助于机体恢复。

做法

❶准备食材。
❷鸡蛋煮熟捞出备用。
❸火腿切片，彩椒、紫甘蓝切细丝，南瓜切薄片备用。
❹平底锅刷少许油，南瓜煎成两面金黄色取出。
❺在吐司片上依次放沙拉酱、南瓜片、紫甘蓝。
❻再铺一片吐司，抹黄芥末酱，放火腿片、彩椒。
❼铺上一片吐司，抹番茄酱，放鸡蛋、彩椒，最后再放一片吐司，压一下。
❽用面包纸或食品纸包起来，切开即可食用。

烹饪小提示

1. 全麦吐司也可以用平底锅煎至两面焦脆。
2. 蔬菜可以用生菜、秋葵，也可用虾仁代替鸡蛋保证营养。
3. 沙拉酱不建议放得过多。

建议搭配

饮品可搭配一杯红茶或黑咖啡，无糖奶茶也可以。

1	2	3	4
5	6	7	8

低脂奶香南瓜麦芬

3~4人　40分钟

轻食瘦身小贴士

这是很适合瘦身人士食用的一款蛋糕。南瓜本身有甜味，糖不要加过多，以减少脂肪的转化。还可添加坚果，不过要减少油脂的用量。

食谱营养成分

总热量：857kcal

蛋白质：25.9g

脂肪：31.3g

碳水化合物：117.2g

纤维素：16.2g

材料

全麦面粉150g，奶粉15g，植物油15g，鸡蛋1个（去壳后约50g），南瓜150g，泡打粉5g，砂糖10g。

食材功效

南瓜含有丰富的维生素及微量元素，有助于抵抗肌肤衰老，提高代谢能力。其中的胡萝卜素可以调节机体免疫力；粗纤维能减少脂肪堆积，有利于减肥及控制血糖。

做法

❶准备食材。
❷南瓜去皮去瓤切成小块，上锅蒸熟，取出放凉。
❸用刮刀将南瓜压成南瓜泥，与鸡蛋、奶粉、植物油、砂糖混合成糊。
❹筛入低筋面粉和泡打粉，充分混合拌匀成面糊。
❺面糊装进裱花袋中，挤入模具到七八分满。
❻烤箱预热，上下火180度烤25~30分钟，直到面糊完全鼓起，表面呈浅黄色。

烹饪小提示

1. 判断麦芬是否成熟，可用牙签扎入麦芬，拔出的牙签上没有残留物，就表示烤熟了。
2. 不同的烤箱，所需温度和时间可能不一致，请根据实际情况调整。
3. 麦芬面糊做好以后，不要放置太长时间，应尽快烘烤。
4. 可在前一天晚上烤制好南瓜麦芬，隔天早餐加热一下，更能节省烹饪时间。

建议搭配

可搭配小碗蔬菜沙拉或一份油煮菜。南瓜可用红薯代替，也可做紫薯麦芬。

1 2 3
4 5 6

牛油果鸡肉小饭团

1~2人 10分钟

轻食瘦身小贴士

牛油果中的纤维是非常丰富的，属于可溶性纤维，能帮助我们清除体内多余的胆固醇。牛油果与低脂高蛋白的鸡肉搭配很适合，注意要增加蔬菜的摄入量。

食谱营养成分

总热量：395kcal
蛋白质：18.4g
脂肪：18.7g
碳水化合物：40g
纤维素：3.5g
钾：857.5mg

材料

鸡胸肉50g，牛油果100g，糙米饭（熟）120g，海苔芝麻碎、料酒、盐各适量。

食材功效

牛油果富含维生素B_6、维生素C以及丰富的脂肪酸，牛油果中的脂肪酸属于不饱和脂肪酸，有利于心血管的健康。经常食用牛油果能促进肠道消化吸收，提高饱腹感。牛油果的果肉含糖量极低，是高脂低糖的食品。

做法

❶准备食材。

❷鸡肉放入加料酒的滚水中焯熟。

❸鸡肉剁碎，与牛油果、糙米饭混合，加海苔芝麻碎拌匀。

❹放入模具内，压成饭团即可。

烹饪小提示

1. 鸡肉碎也可包在饭团里面。
2. 若没有海苔芝麻碎，先把紫菜剪碎，加白芝麻、盐、胡椒粉，再与米饭混合也可以。

建议搭配

鸡肉可用鸭肉代替，不过要选择瘦一些的部位。可搭配刷脂蔬菜汤或番茄海苔汤。

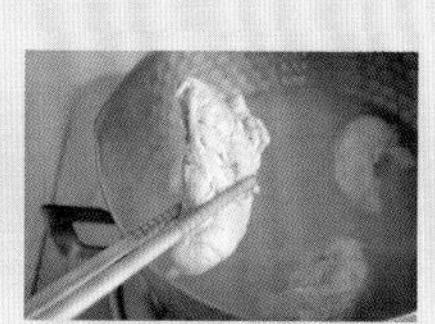

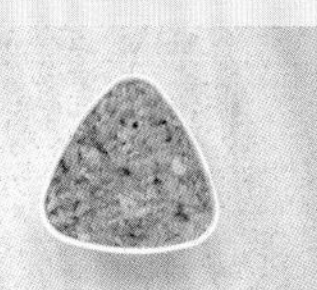

1 | 2 | 3 | 4

海苔糙米藜麦金枪鱼饭团

1~2人　10分钟

轻食瘦身小贴士

金枪鱼肉是低脂肪、低热量的优质鱼类，不但有助于保持苗条的身材，而且能平衡身体所需要的营养，是理想的减肥食品。同时还具有降低血压和胆固醇的功效，能防治心血管疾病。与糙米藜麦饭搭配可提高饱腹感，适合瘦身期食用。

食谱营养成分

总热量：199kcal
蛋白质：17.6g
脂肪：2.9g
碳水化合物：26.6g
纤维素：4.4g

材料

糙米藜麦饭120g，水浸金枪鱼50g，海苔片2g，黑胡椒适量

食材功效

金枪鱼中富含的不饱和脂肪酸能促进脑神经发育。多种微量元素可以增加皮肤弹性，减少皱纹和色斑的生成。

海苔中含有丰富的矿物质，有助于维持机体的酸碱平衡，有利于儿童的生长发育，对老年人延缓衰老也有帮助。

做法

❶准备食材。

❷糙米藜麦饭趁热加入黑胡椒、金枪鱼拌匀。

❸把拌好的米饭放入饭团模具中，压实后取出，包上海苔片即可。

建议搭配

熟三文鱼可代替金枪鱼，其营养价值与金枪鱼差别不大。饭团需要额外搭配蔬菜或蔬菜汤。

1 | 2 | 3

纤体杂米粥

2人 70分钟

轻食瘦身小贴士

红豆所含的膳食纤维可润肠通便，促进肠胃健康。同时能提高饱腹感，有减肥的功效。

黑豆能促进体内胶原蛋白的生成，有助于紧致腰腹部的赘肉。同时黑豆有改善便秘的功效，有助于加快肠道蠕动，有明显的瘦腹效果。

食谱营养成分

总热量：349kcal

蛋白质：16.5g

脂肪：10.1g

碳水化合物：50.2g

纤维素：5.6g

材料

红豆15g，黑豆15g，糙米15g，燕麦米15g，花生15g，大米15g。

食材功效

红豆营养价值高，其中的蛋白质、B族维生素及矿物质是人体必需的营养元素。花生中的亚油酸能分解人体内过多的胆固醇，预防心血管疾病的发生。黑豆中含有丰富的维生素K，有助于预防高血压、脑血栓，维护心脏功能。

做法

❶准备所有食材；用温水浸泡4小时。
❷锅内倒入清水，放黑豆煮15分钟。
❸开锅后再放入红豆，煮20分钟。
❹再放泡好的各种米，煮40分钟即可。

烹饪小提示

1. 可将材料提前一天泡好。
2. 可提前一天把粥煮好，隔天早餐加热一下即可食用。

建议搭配

与炒青菜或凉拌蔬菜同食，或搭配几片酱牛肉均可。

1 | 2 | 3 | 4

卷心菜虾仁饼

1人 25分钟

轻食瘦身小贴士

胡萝卜含有丰富的果胶酸钙，它能加速胆汁酸的凝固，促使人体内胆固醇向胆汁酸发生转变，从而起到降低胆固醇、预防冠心病的作用。同时胡萝卜中的膳食纤维，有利于延缓肠道对葡萄糖的吸收，可调节血糖水平，减少对胰岛素的需求。

食谱营养成分

总热量：273kcal
蛋白质：15.4g
脂肪：4.5g
碳水化合物：44g
纤维素：0.8g
钙：66mg

材料

卷心菜60g，胡萝卜40g，中筋面粉50g，大虾仁3只。

调味料

橄榄油3g，胡椒粉、盐、欧芹碎、料酒各适量。

食材功效

胡萝卜含有多种胡萝卜素，能促进人体脂肪吸收，提高代谢。经常食用胡萝卜能增强人体的抗氧化能力，有助于保护心脑血管。

做法

❶准备食材；虾仁用料酒腌制10分钟。
❷卷心菜、胡萝卜分别切碎，与面粉混合。
❸依次加入橄榄油、胡椒粉、盐、欧芹碎以及适量清水，混合成面糊。
❹用勺子取适量面糊，分别放入平底锅内，堆成小饼。
❺上面放虾仁，煎制虾仁成熟，面饼两面金黄即可出锅。

烹饪小提示

若没有欧芹也可以不放。

建议搭配

搭配低脂高蛋白的虾仁，是减重期较为理想的食谱。
卷心菜可用白菜替换。食用的时候可搭配五谷豆浆或小米粥。此外还可增加蛋白质的摄入，如搭配鸡蛋或豆制品。

韩式泡菜豆芽饼

1人 20分钟

轻食瘦身小贴士

白菜含有丰富的粗纤维，可以帮助消化，有预防肠癌的作用，所产生的维生素C有助于分解脂肪，减少油脂吸收。与低热量的豆芽搭配，能促进肠道蠕动。

食谱营养成分

总热量：269 kcal

蛋白质：9.3g

脂肪：6.6g

碳水化合物：44.2g

纤维素：2.3g

材料

辣白菜70g，豆芽50g，小麦粉50g，葱花10g。

调味料

玉米油3g，胡椒粉适量。

食材功效

辣白菜中含有丰富的钙、磷等无机物成分，能促进维生素C和B族维生素的吸收。同时泡菜发酵产生乳酸菌，不但可以调节肠道菌群，而且能够促进胃肠内蛋白质的分解和吸收，抑制肠内有害菌滋生。

做法

❶准备食材，豆芽去根切段，辣白菜切碎。

❷大碗内放入小麦面粉、辣白菜、豆芽、胡椒粉、玉米油、葱花。

❸加适量清水调成糊状，备用。

❹把调好的面糊倒入平底锅内，摊成圆饼，煎至两面金黄。

烹饪小提示

1. 也可以用玉子烧锅煎制。
2. 泡菜本身带咸味，无需额外加入盐。
3. 豆芽、辣白菜一定要充分裹上面糊并拌匀。
4. 可撒上适量海苔碎，增加风味。

建议搭配

应增加蔬菜和肉的摄入，如搭配炒青菜、酱牛肉和煎鸡胸肉。

1 2 3 4

牛肉香菇蛋花粥

1~2人 25分钟

轻食瘦身小贴士

牛肉中的肉碱有助于脂肪代谢，增加机体的肌肉比例；与纤维较多的香菇搭配，能降低血液中的胆固醇，预防动脉粥样硬化，是增肌减脂及健身人士的最佳食材。

食谱营养成分

总热量：322kcal

蛋白质：19.7g

脂肪：10.2g

碳水化合物：38.8g

纤维素：2.3g

材料

牛肉馅40g，香菇40g，鸡蛋液50g，小白菜20g，熟玉米粒20g，杂粮饭（熟）100g，橄榄油3g。

调味料

胡椒粉、料酒、盐各适量。

食材功效

牛肉中的B族维生素能促进身体合成蛋白质，促进代谢。其中的镁元素能提高胰岛素代谢与合成，丰富的铁元素能改善贫血。

香菇是高蛋白、低脂肪、富含多种氨基酸和维生素的菌类食物，有助于提高机体免疫功能。

做法

1. 准备食材。
2. 香菇切片，小白菜切碎。
3. 锅内倒油，放入牛肉馅，加胡椒粉、料酒煸香，再放香菇片翻炒。
4. 倒入热水，开锅后去浮沫，放入杂粮饭。
5. 煮5分钟，放入小白菜碎。
6. 再煮5分钟，倒入鸡蛋液，加盐调味即可。

烹饪小提示

1. 牛肉炒一下味道会更香。
2. 最后调味时避免摄钠过多。

建议搭配

可搭配一份炒青菜或凉拌菜，同时可增加半根玉米或半个地瓜。

1 2 3
4 5 6

无花果西生菜果仁沙拉

1~2人　15分钟

轻食瘦身小贴士

苹果所含的纤维素能刺激胃肠蠕动，提高人体代谢能力。利于身体中废物的排出，能够让肠道更加通畅。

食谱营养成分

总热量：153kcal

蛋白质：3.8g

脂肪：8.3g

碳水化合物：18.1g

纤维素：3.8g

材料

苹果60g，西芹50g，西生菜100g，巴旦木10g，无花果15g。

调味料

橄榄油3g，苹果醋、盐、黑胡椒各适量。

食材功效

苹果可以减少血液中胆固醇含量。调查表明，经常吃苹果的人其胆固醇含量比不吃苹果的人低10%。

做法

❶准备食材。

❷无花果切小块，西生菜、苹果、西芹切丝。

❸取小碗，所有调味料混合，调成汁备用。

❹大碗内放入卷心菜、苹果、西芹，淋上酱汁拌匀，码放到盘内。

❺放上巴旦木、无花果即可。

建议搭配

巴旦木可以换成其他坚果，用量不变。也可减少西生菜的用量，代换为其他蔬菜，如番茄、黄瓜、苦菊等。主食建议搭配玉米、土豆等粗纤维食物。

杂拌三丝

2人　20分钟

轻食瘦身小贴士

荷兰豆含有丰富的维生素A及维生素C，同时还含有抗氧化的胡萝卜素，与金针菇中的膳食纤维一起搭配，能降低机体胆固醇含量，对经常喝酒引起的高胆固醇有抑制作用。

食谱营养成分

总热量：105kcal
蛋白质：5.1g
脂肪：3.8g
碳水化合物：15.6g
纤维素：3.8g
B族维生素：0.8mg

材料	调味料	食材功效
金针菇100g，荷兰豆80g，胡萝卜70g。	盐、鸡精、香油各适量。	荷兰豆清香爽脆，纤维素丰富，其中的植物凝集素能促进人体新陈代谢。金针菇含有人体必需氨基酸，尤其是赖氨酸和精氨酸，含量非常丰富，有利于儿童身高的增长，促进智力发育。金针菇中的朴菇素，有利于增强机体对癌细胞的抗御能力。

做法

❶准备食材，金针菇去根切段，荷兰豆、胡萝卜切丝。
❷金针菇、胡萝卜、荷兰豆分别焯烫一下。
❸捞出后投入冷水中过凉，取出放入大碗内。
❹依次加入盐、鸡精、香油拌匀。

烹饪小提示

1. 断生即可，焯烫时间不要过长。
2. 食材从冷水中取出后，一定要沥干水分。

建议搭配

可搭配杂粮粥食用。同时为增加蛋白质的摄入量，可搭配鸡蛋、豆制品、瘦肉等共同食用。

1 | 2 | 3 | 4

芹菜木耳炝鸡丝

2人 20分钟

轻食瘦身小贴士

木耳中的纤维素和植物胶原能够促进胃肠蠕动，减少脂肪的吸收，预防肥胖；同时有利于预防直肠癌及其他消化系统疾病。

搭配热量极低的芹菜，有利于保持健康体重。常吃芹菜对预防高血压、动脉硬化等都十分有益。

食谱营养成分

总热量：180kcal

蛋白质：20.9g

脂肪：8.2g

碳水化合物：6.4g

纤维素：1.8g

材料

鸡胸肉100g，芹菜50g，泡发木耳50g，鲜柠檬少许。

调味料

香油3g，白芝麻1g，白糖3g，生抽、米醋、盐、料酒各适量。

食材功效

木耳中含有的营养元素极为丰富，其中的维生素K可减少血液凝结，预防血栓；铁元素与蛋白质食物一起食用，能起到补血的作用。

做法

❶准备食材。

❷鸡胸肉放入加有料酒的滚水中煮熟，捞出晾凉后撕成粗条。

❸芹菜切段、木耳切条，放滚水中焯烫一下，捞出备用。

❹取大碗，放入鸡肉、芹菜、木耳。

❺依次加入香油、白芝麻、盐、白糖、生抽、米醋，再挤入适量柠檬汁，拌匀即可。

烹饪小提示

1. 判断鸡肉是否成熟，可用筷子扎一下。
2. 蔬菜一定要沥干水分，以免影响口感。

建议搭配

可搭配一份杂粮粥或者全麦吐司、馒头一起食用。

鹰嘴豆燕麦香蕉软饼

1人 20分钟

轻食瘦身小贴士

燕麦片可以提供饱腹感，延缓血糖上升速度，减少脂肪堆积，即使是正在减肥的人，也能尽情地食用。香蕉食用之后能在胃肠内大量吸水膨胀，有润肠通便功效。

食谱营养成分

总热量：322kcal

蛋白质：8.6g

脂肪：0.6g

碳水化合物：75g

纤维素：4.6g

材料

即食鹰嘴豆20颗（约35g），即食燕麦片50g，香蕉1根（去皮130g）。

食材功效

燕麦片可提供大量的膳食纤维，是低热量食品，具有减肥功效。鹰嘴豆虽含有大量碳水化合物，但多为膳食纤维，可以帮助刺激肠胃蠕动。

做法

❶ 准备食材。
❷ 香蕉压成泥备用。
❸ 加入即食燕麦片，充分拌匀备用。
❹ 烤箱提前预热；拌好的燕麦糊用勺盛出，依次码放在烤盘上。（每块约30g）
❺ 表面放上鹰嘴豆，上下火200度烤15分钟。

烹饪小提示

1. 如果没有即食鹰嘴豆，可将鹰嘴豆提前泡一夜，再煮熟备用。
2. 选择熟透的香蕉，风味和口感更佳。
3. 软饼不要加水，不然容易散掉。
4. 软饼可提前一天晚上烘烤，隔天直接加热即可。

建议搭配

燕麦片的搭配很广泛，如酸奶、奶酪、鸡蛋等高蛋白食材。这款鹰嘴豆燕麦香蕉软饼需要搭配蔬菜沙拉和少许火腿来均衡营养。饮品选择黑咖啡或牛奶均可。

第六章 20款 解馋好吃不发胖的午餐

午餐，关于“吃”的合理性

“午餐时间好短，根本没有时间坐下来好好吃饭，简单吃口面条吧！”“早上没有吃饭，中午要好好吃一顿来补偿。点份炸鸡炒年糕，再来份麻辣烫吧！”上班族的午餐通常都是这样的匆忙。

午餐中的蛋白质、脂肪类食物要充足，尽量避免高油、高盐的烹饪方式。可摄入约100g肉类及蛋类，如牛排、鱼肉、虾都是不错的选择。另外，内脏类也可以，不过摄入量要降低，建议80g以内。

如果必需点餐的话，可以点一份牛排套餐（避免肥肉），搭配一份青菜或蔬菜沙拉。也可点一份照烧鸡肉饭，搭配一份蔬菜汤，建议先喝汤，这样有饱腹感。为了减少米饭摄入，可额外点一份玉米或蒸地瓜，这样营养就相对均衡了。

蔬菜方面，建议选择3种以上，其中深色蔬菜2种，蔬菜要占整个餐食量的一半。蔬菜与肉类一起食用，可以补充维生素及膳食纤维等营养元素。

增加主食中粗粮的摄入。把白米饭换成五谷杂粮饭或是糙米燕麦饭，对体重控制很有帮助。粗粮比精制食物含有更多有益健康的纤维素、微量元素和植物营养素。主食的量控制在125~130g为佳，如点餐可选择荞麦面条、玉米面条等；可用蒸土豆或杂粮代替一半的主食。

养成自带新鲜水果的习惯。新鲜水果中含有丰富的胡萝卜素、维生素C和维生素E。胡萝卜素有助于延缓细胞因氧化所致的老化。

另外，外食可选择稍远一些的餐厅。

午餐时如果时间允许，到距公司较远的餐厅用餐，增加走路机会。步行15分钟可消耗40千卡的热量，相当于50g米饭的热量！饭后散步还能促进消化，防止脂肪堆积在腹部。

周末在家时，可选择较为丰富的餐食，保证全家人对营养元素的需求。

本章精选20款低卡又美味的午餐，包括鱼虾、鸡鸭、牛羊肉等多种肉类的创意烹饪。既可做为午餐便当的首选，又能大口地享受肉与蔬菜、水果混合的完美口感。多款新奇好吃的美味等你解锁。

果醋松子冷面

1人　20分钟

轻食瘦身贴士

适量饮用果醋可以加快蛋白质的新陈代谢，还能促进体内脂肪分解，具有减肥功效，同时还能降低胆固醇。

冷面的主要原料是荞麦面，纤维含量高且热量低，适量食用有瘦身的作用。

食谱营养成分

总热量：445kcal

蛋白质：17.1g

脂肪：17.8g

碳水化合物：55.3g

纤维素：1.3g

维生素C：8.3mg

材料

酱牛肉30g，荞麦冷面100g，松子仁15g，辣白菜20g，黄瓜20g，香菜适量。

调味料

苹果醋饮120mL，矿泉水130mL，香油3g，白醋、生抽、白芝麻各适量。

做法

❶准备食材。
❷取大碗，依次加入苹果醋、白醋、生抽、矿泉水，调成冷面汤。
❸酱牛肉切薄片，黄瓜切丝，香菜切段。
❹荞麦冷面滚水下锅，开锅后煮10分钟捞出，投入冷水中过凉。
❺过凉的冷面放入冷面汤内。
❻依次放入辣白菜、酱牛肉、黄瓜、香菜。
❼最后撒松子仁、白芝麻，淋上香油即可。

烹饪小提示

1. 苹果醋本身有甜味，不建议再单独加糖。
2. 喜欢吃酸的可以多放点白醋，但要适量。

建议搭配

冷面可额外搭配半个鸡蛋；水果可选择梨或苹果。

非油炸大虾配藜麦沙拉

1人 45分钟

轻食瘦身贴士

虾中的镁对心脏活动具有重要的调节作用，能很好地保护心血管系统，可减少血液中的胆固醇含量，同时还能扩张冠状动脉，有利于预防高血压。搭配膳食纤维丰富的藜麦可以促进肠道蠕动。

食谱营养成分

总热量：457kcal

蛋白质：27.2g

脂肪：19.3g

碳水化合物：44.8g

纤维素：4.9g

材料

大虾6只（约60g），藜麦20g，牛油果60g，西生菜20g，小番茄6~8个，鸡蛋1枚。

调味料

焙煎芝麻沙拉酱10g，面包糠、椒盐、胡椒粉、料酒、黑胡椒、柠檬汁各适量。

食材功效

大虾富含锌、碘和硒等矿物质，热量和脂肪含量相对较低。肉质松软，易消化。

做法

❶准备食材。

❷西生菜撕碎、牛油果切片、小番茄对半切开，放入在碗内。

❸藜麦冷水下锅，开锅后煮15分钟，捞出备用。蔬菜、牛油果与藜麦混合，加黑胡椒、柠檬汁、焙煎芝麻沙拉酱拌匀，码放到盘内。

❹大虾去虾头、虾壳、虾线，留虾尾；虾内部用刀划开，压平备用。

❺大虾用料酒腌制10分钟。

❻面粉混合椒盐、胡椒粉，拌匀；鸡蛋打散；面包糠放碗内备用。

❼腌好的虾仁先蘸蛋液，再裹面粉，再蘸蛋液，最后裹面包糠；放入空气炸锅内，200度烤15分钟。

❽炸好的大虾与蔬菜沙拉一起食用。

烹饪小提示

大虾也可以用烤箱烤制，不建议油炸。

建议搭配

可额外搭配一份果蔬汁，一份全麦吐司或半根玉米。

1	2	3	4
5	6	7	8

南瓜椰香牛肉饭

2人 60分钟

轻食瘦身贴士

南瓜能促进肠道蠕动，帮助消化。同时粗纤维成分能提高饱腹感。

食谱营养成分

总热量：683kcal
蛋白质：30.1g
脂肪：19.6g
碳水化合物：98.8g
纤维素：3.3g

材料

南瓜150g，鲜牛肉100g，大米120g，豌豆50g。

调味料

椰子油3g，橄榄油3g，黑胡椒、盐、生抽、料酒各适量。

食材功效

南瓜富含维生素A及维生素D，能保护胃肠黏膜，防止胃炎、胃溃疡等疾病的发生。维生素D对促进吸收、强健骨骼很有帮助。椰子油中的脂肪酸有助于增加蛋白质水平，调节血清脂蛋白，有利于心脑血管的健康。

做法

1. 准备食材。
2. 南瓜、牛肉分别切小块。锅内倒少许橄榄油，放入牛肉、南瓜翻炒。
3. 依次加入料酒、生抽、盐、黑胡椒，炒出香味。
4. 大米淘洗后，放入炒好的牛肉南瓜。
5. 放入豌豆、椰子油，充分拌匀。
6. 加入适量清水，正常蒸煮米饭。

烹饪小提示

1. 牛肉可以选带点肥肉的上脑，不建议选牛腩。
2. 没有椰子油可以选择橄榄油，注意控制用量。

建议搭配

南瓜含淀粉，所以应减少米饭食用克数，同时增加蔬菜摄入量。搭配凉拌菜和青菜炒豆干均可。

1 2 3
4 5 6

熟三文鱼配苹果葡萄沙拉

1~2人　20分钟

轻食瘦身贴士

葡萄皮含有较高的纤维素及果胶，有利于维护肠道健康，有助于降低血栓及心血管疾病的发病率。

食谱营养成分

总热量：266kcal
蛋白质：19g
脂肪：11.8g
碳水化合物：20.7g
纤维素：3.2g
维生素C：9.8mg

材料

三文鱼100g，洋葱20g，苹果60g，青葡萄80g，苦菊20g。

调味料

橄榄油3g，粗粒芥末酱、黑胡椒、盐、白葡萄酒、柠檬汁各适量。

食材功效

三文鱼属于高蛋白、低脂肪的鱼类，不饱和脂肪酸含量很高。

做法

❶准备食材，三文鱼切片、洋葱切碎、苹果切丁、青葡萄对半切开、苦菊洗净切小段。

❷除橄榄油和白葡萄酒外，将所有调味料混合成汁。

❸取大碗，放入苹果、青葡萄、苦菊，倒入拌好的调味汁。

❹锅内倒入橄榄油，放入三文鱼片。

❺煎至三文鱼变白，倒入白葡萄酒。

❻放黑胡椒调味，加入洋葱丁炒香，煎至金黄色，码放到沙拉碗内即可。

烹饪小提示

若没有白葡萄酒可以用料酒代替。

建议搭配

可搭配一份蔬菜汤。三文鱼可用龙利鱼、鳕鱼代替。

1	2	3
4	5	6

黑椒鳕鱼配杂蔬

1人 25分钟

轻食瘦身小贴士

鳕鱼中丰富的镁元素，对心脑血管系统有很好的保护作用，有利于预防高血压、心脑血管等疾病的发生。

食谱营养成分

总热量：256kcal
蛋白质：42.0g
脂肪：4.4g
碳水化合物：13.1g
纤维素：0.7g

材料

鳕鱼200g，西葫芦60g，胡萝卜30g，洋葱40g，柠檬少许。

调味料

橄榄油3g，生抽、蚝油、黑胡椒粉、白葡萄酒、盐各适量。

食材功效

鳕鱼蛋白质含量比其他深海鱼要高。肉质的脂肪含量只有0.5%，同时维生素E含量非常丰富。鳕鱼中的钾元素可调节血糖，有助于人体新陈代谢。

做法

❶准备食材。
❷鳕鱼用柠檬汁、白葡萄酒、盐、黑胡椒、生抽、蚝油腌制。
❸西葫芦、胡萝卜、洋葱切片备用。
❹锅内倒入少许橄榄油，鳕鱼入锅煎制。
❺蔬菜炒软，淋上腌制鱼肉的酱汁，码放到盘内。
❻鳕鱼煎制两面金黄，盛出即可。

烹饪小提示

1. 鳕鱼不要煎制时间过久，避免肉质发柴。
2. 蔬菜与鱼肉一起制作，能吸收鱼的鲜味。

建议搭配

搭配糙米饭一起食用，可降低脂肪堆积，非常适合瘦身人士食用。
鳕鱼可用龙利鱼或三文鱼代替，建议选择深海鱼。

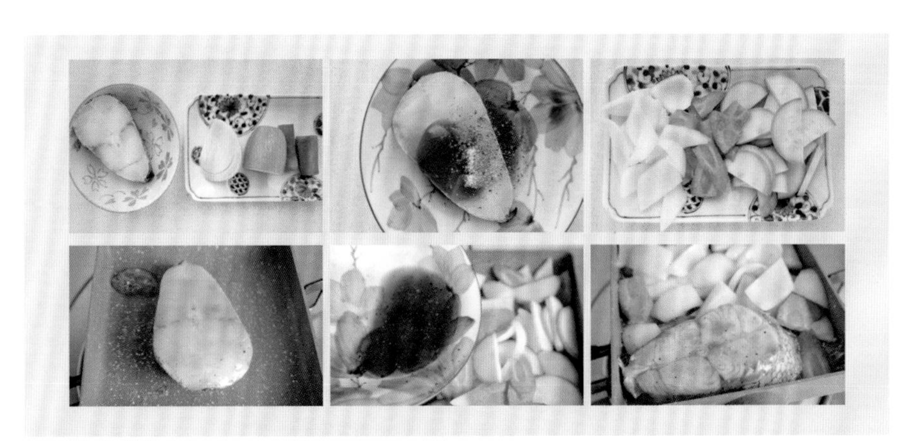

1 | 2 | 3
4 | 5 | 6

鸡丝荞麦面

1人 25分钟

轻食瘦身小贴士

荞麦中的植物蛋白质在体内不易转化成脂肪，同时也是糖尿病患者的最佳食品之一。荞麦中所含的食物纤维很丰富，具有良好的润肠作用，是理想的瘦身主食。

食谱营养成分

总热量：460kcal
蛋白质：19.9g
脂肪：14g
碳水化合物：63.4g
纤维素：6.3g
钙：239.3mg

材料

鸡胸肉30g，荞麦面80g，黄瓜30g，香菜10g，大蒜1瓣。

调味料

麻酱15g，香油3g，白芝麻1g，生抽、香醋、盐、料酒、蚝油各适量。

食材功效

荞麦面含有烟酸和芦丁，两种物质都具有降低血脂和血清胆固醇的功效，对高血压和心脏病有预防作用。

做法

❶准备食材，大蒜切末。

❷鸡胸肉放入加有料酒的滚水中，煮熟捞出。

❸麻酱与切碎的大蒜末、生抽、香醋、盐、蚝油、白开水混合成酱汁。

❹荞麦面放入滚水中，煮熟捞出，投入凉水中过凉备用。

❺黄瓜切丝，香菜切段，鸡肉晾凉后撕成丝备用。

❻取大碗，依次放入荞麦面、鸡丝、黄瓜、香菜、芝麻。

❼最后淋上酱汁即可。

建议搭配

鸡肉可用瘦牛肉代替。将牛肉清水煮熟，撕成细丝。

橙香煎鸭肉

2人 20分钟

轻食瘦身小贴士

甜橙可促进蛋白质分解，帮助消化吸收。低脂肪的鸭肉本身就是很好的减重食材。

食谱营养成分

总热量：754kcal
蛋白质：36.8g
脂肪：61.5g
碳水化合物：19.6g
纤维素：0.6g
镁：54.5mg

材料

橙子100g，鸭腿肉250g。

调味料

白葡萄酒、盐、黑胡椒、罗勒碎各适量。

食材功效

鸭肉中的蛋白质很丰富，脂肪分布均匀，更容易被人体消化吸收。不饱和脂肪酸含量比红肉高，对胆固醇的影响较小。鸭肉富含的多种矿物质有利于维持人体的生理机能，提高免疫力。

做法

❶准备食材。

❷橙子取一部分切薄片，另一部分切半块备用。

❸鸭腿肉去骨，中间划几下。

❹挤适量橙汁，放入盐、黑胡椒、白葡萄酒、罗勒碎腌制一下。

❺平底锅不用倒油，鸭皮朝下，入锅煎制。

❻待两面金黄，表皮焦黄取出。

❼鸭腿肉切块，码放到盘内，搭配切好的橙片即可。

烹饪小提示

罗勒可以提味，让鸭肉更鲜美。

建议搭配

水果可用菠萝、苹果替换，风味更佳。

大蒜烤羊肉串

1~2人 40分钟

轻食瘦身小贴士

羊肉比其他红肉的维生素含量都高。羊肉中的脂肪含有石碳酸的成分，固有膻味，去掉脂肪可去除膻味。与大蒜搭配能保护血管，预防心脑血管疾病。

食谱营养成分

总热量：375kcal

蛋白质：31g

脂肪：21.3g

碳水化合物：15.4g

纤维素：1.2g

钾：545.2mg

材料

羊肉150g，大蒜50g，青椒30g。

调味料

辣椒粉、孜然粉、盐、白芝麻、生抽、料酒各适量。

食材功效

羊肉的脂肪含量相比于猪肉和牛肉少，蛋白质和氨基酸多于猪肉、牛肉。大蒜含有丰富的植物化合物，其中的大蒜素能提高人体免疫力，维持心脏健康。

做法

❶准备食材。羊肉切小块，青椒切块，大蒜去皮备用。

❷取大碗，把羊肉用料酒腌10分钟。

❸放入大蒜，用辣椒粉、孜然粉、盐、生抽腌制20分钟。

❹烤箱预热；羊肉、大蒜、青椒用铁签串起来，上下火200度，烤20分钟。

烹饪小提示

1. 羊肉选羊腿肉最佳，偏瘦。
2. 也可用烤串机或平底锅烹饪，需注意火候。

建议搭配

可搭配凉拌菜，尤其是维生素C丰富的蔬菜，如洋葱、甜椒、萝卜等。主食方面适量减少，可搭配全麦馒头或无油烤饼。

红酒迷迭香烧羊肉

2人 25分钟

轻食瘦身小贴士

羊肉搭配红酒，不仅可以提高身体代谢，还能舒缓压力，帮助消化和吸收蛋白质。同时葡萄酒可降低血脂，抑制低密度脂蛋白的形成，软化血管，增强心脑血管功能。

食谱营养成分

总热量：466kcal
蛋白质：38.8g
脂肪：28.3g
碳水化合物：6.2g
纤维素：0.5g
钙：26.4mg
镁：49.0mg

材料

鲜羊肉200g，洋葱60g。

调味料

干红葡萄酒50mL，黑胡椒、盐、老抽、迷迭香适量。

食材功效

红酒可控制皮肤的老化，有美颜提气色的作用。红酒除富含人体所需的8种氨基酸外，还有丰富的原花青素和白黎芦醇。花青素可以保护心脑血管，白黎芦醇有抗氧化的功能。

做法

❶准备食材，羊肉切块。

❷洋葱切碎备用。

❸羊肉放入珐琅锅内，依次放入洋葱碎、红酒、迷迭香、黑胡椒、盐、老抽，腌制一下。开火，盖锅盖烧开。开锅后转小火炖15分钟即可出锅。

烹饪小提示

1. 羊肉块不要切块太小。
2. 也可用砂锅炖制，想带汤汁可适量加入少许清水。
3. 红酒选择干红最佳。

建议搭配

可搭配杂粮米饭或者意面，另外再增加一份油煮菜或凉拌菜，营养均衡。

1 | 2 | 3

干锅海鲜小炒

2人　25分钟

轻食瘦身小贴士

海鲜搭配根茎类蔬菜很适合，粗纤维可以帮助消化。海鲜饱腹感较差，增加适量的根茎类蔬菜可以提高饱腹感，同时还能帮助摄入更多维生素。

食谱营养成分

总热量：439kcal
蛋白质：67.3g
脂肪：10.5g
碳水化合物：20.7g
纤维素：8.0g
钙：87.7mg
镁：126.9mg
锌：2.7mg

材料

青虾150g，鱿鱼须100g，扇贝肉100g，莲藕50g，芹菜10g，彩椒70g，洋葱20g，大蒜5g，干辣椒段、芝麻各适量。

调味料

橄榄油5g，蚝油、料酒、盐、老抽、糖各适量。

食材功效

海鲜属于高蛋白低脂肪食品。含有丰富的B族维生素，尤其是叶酸和维生素B_6，对神经系统及内分泌等疾病有预防作用。同时海鲜中的矿物质也很丰富，尤其是锌元素极其丰富。

做法

❶准备食材，莲藕去皮切薄片，芹菜切小段，洋葱、彩椒切粗条，大蒜切片。

❷青虾去虾线，洗净备用。鱿鱼须洗净切段，扇贝肉洗净。

❸锅内烧水，加料酒，青虾、鱿鱼须、扇贝肉分别焯水，捞出备用。

❹锅内倒入少许底油，放辣椒段炒香。

❺放洋葱、大蒜、莲藕、芹菜翻炒。加入彩椒继续翻炒。

❻依次加入盐、老抽、糖调味。

❼放入焯好的海鲜，加入蚝油提鲜。

❽撒适量芝麻即可出锅。

烹饪小提示

1. 焯好的海鲜和蔬菜一定要沥干水分。
2. 注意要大火快炒。
3. 糖不要放得过多，出锅前可加点醋提香。

建议搭配

尽量不要选择绿叶蔬菜，以免出水。食用时可单独搭配一份炒青菜。如果加入土豆或玉米等高淀粉类食材，要减少主食的摄入。

花菜鱼糜海苔卷

2人　25分钟

轻食瘦身小贴士

龙利鱼的脂肪富含不饱和脂肪酸，是瘦身人士的理想食品，同时具有抗动脉粥样硬化的功效。搭配花菜可以提高饱腹感，同时使口感更为丰富。

食谱营养成分

总热量：389kcal
蛋白质：59.5g
脂肪：14.4g
碳水化合物：6.3g
纤维素：2.1g
钙：60.6mg
维生素C：32mg

材料

花菜100g，龙利鱼250g，鸡蛋50g，海苔适量。

调味料

橄榄油5g，盐、胡椒粉、料酒各适量。

食材功效

龙利鱼也叫踏板鱼，肉质细嫩，营养丰富，属于优质蛋白。适量食用可补充多种维生素，预防心血管疾病。花菜富含B族维生素及类黄酮，是血管的“清理剂”，有助于减少患心脏病与中风的危险。

做法

❶准备食材。
❷海苔一分为二，备用。
❸龙利鱼、花菜分别切块，放入料理机内。
❹加入鸡蛋、盐、胡椒粉、料酒，打成泥取出备用。
❺打好的鱼菜泥放入裱花袋内。
❻平底锅倒入少许橄榄油，挤入鱼菜泥。
❼煎制两面金黄。
❽趁热用海苔包裹住鱼泥饼，切成段，码放到盘内。

烹饪小提示

摊成饼后切条再包裹海苔也可以。

建议搭配

可搭配一份炒青菜或凉拌蔬菜，主食选择红豆饭、南瓜饭都是不错的。

虾仁秋葵串烧

1~2人 35分钟

轻食瘦身小贴士

秋葵含有丰富的可溶性膳食纤维和维生素C，是很棒的营养减肥食材。

食谱营养成分

总热量：142kcal
蛋白质：13.4g
脂肪：6.1g
碳水化合物：12g
纤维素：3.0g
钙：181.7mg

材料

虾仁100g，秋葵150g，洋葱30g。

调味料

橄榄油5g，料酒、盐、黑胡椒各适量。

食材功效

虾仁容易消化，而且富含丰富的矿物质，很适合老人与儿童食用。秋葵具有特殊的香味，所含的黏液有助于修复胃黏膜。果胶多糖有增加机体抵抗力的作用。

做法

❶准备食材。

❷洋葱切末，放入虾仁内。依次加入盐、料酒、黑胡椒、橄榄油，腌制15分钟。

❸秋葵去根，一分为二。

❹烤箱预热，把腌好的虾仁和秋葵用竹签串好，放入烤箱。

❺烤箱设置上下火200度，烤15分钟即可。

烹饪小提示

1. 也可用空气炸锅或平底锅煎制。
2. 烤制的时间根据自家烤箱适当调整。

建议搭配

串烧中也可增加菇类、甜椒、西蓝花等食材。

鲜汁石榴包

2~3人 40分钟

轻食瘦身小贴士

长期食用豆皮有利于降低人体血液中胆固醇含量，有预防高脂血症、动脉硬化的效果。搭配各种蔬菜丁，可以丰富口感，胡萝卜、山药、玉米粒、木耳都富含膳食纤维，也可以提高饱腹感。

食谱营养成分

总热量：719kcal

蛋白质：71.3g

脂肪：38.8g

碳水化合物：22.8g

纤维素：3.1g

钙：665.2mg

材料

瘦猪肉馅100g，玉米粒30g，山药、胡萝卜、泡发木耳各30g，鲜豆皮、香菜各适量。

调味料

葱、姜、料酒、蚝油、淀粉、盐各适量。

食材功效

豆皮中含有优质蛋白，营养价值较高。其中的卵磷脂可防止血管硬化，预防心血管疾病。同时还可以补充钙质，防止骨质疏松，促进骨骼发育。

做法

❶准备食材，豆皮切成15厘米见方的大片。
❷山药、胡萝卜去皮切块，木耳、葱、姜切末，分别放入料理机内打碎。
❸大碗内放猪肉馅，以及打好的蔬菜碎、玉米粒。
❹依次加入料酒、蚝油、淀粉、盐调味。
❺把调好的馅放入豆皮内，用香菜捆成小包，码放在深盘中。
❻上锅蒸制30分钟即可出锅。

烹饪小提示

豆皮不要选择特别薄的，要用稍微厚点的，这样可以避免蒸制过程破裂。

建议搭配

可搭配一份主食。蔬菜可替换成自己喜欢的种类，如马蹄、蘑菇等。也可用白菜或卷心菜当外皮，包裹豆制品或其他根茎类蔬菜。

1 2 3
4 5 6

芥末蜂蜜烧猪肉配西生菜沙拉

1~2人　30分钟

轻食瘦身小贴士

瘦里脊肉搭配蔬菜沙拉可以帮助脂肪分解。适当食用粗粒芥末酱可以促进消化，中和里脊中的蛋白质与脂肪。

食谱营养成分

总热量：325kcal

蛋白质：22.1g

脂肪：20.7g

碳水化合物：14.2g

纤维素：2.0g

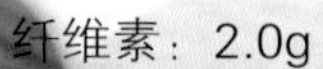

芥末蜂蜜烧猪肉

瘦里脊100g，橄榄油2g，粗粒芥末酱、蜂蜜、料酒、柠檬汁、生抽各适量。

西生菜沙拉

番茄50g，西生菜100g，橄榄油3g，黑胡椒、盐各适量。

食材功效

猪里脊肉的蛋白属于优质蛋白质，含有人体必需氨基酸。其中的维生素B_2对脂肪合成和分解有重要作用。里脊肉富含铁，铁对血液中红细胞的生成和功能维持有重要作用。

做法

❶准备食材。
❷里脊肉用刀背拍松散。
❸加入生抽、料酒腌制10分钟。
❹西生菜撕成小块，番茄切块；用盐、黑胡椒、橄榄油拌均，码放到盘内。
❺芥末酱与蜂蜜、柠檬汁混合备用。
❻锅内刷少许底油，把腌好的里脊肉放锅内煎至两面成熟。
❼里脊肉切块码放到盘内，淋上芥末蜂蜜酱汁即可。

烹饪小提示

煎里脊肉不要放太多油，注意火候，小火慢煎。

建议搭配

食用时可搭配一份粗粮，如玉米、红薯、原味土豆泥。也可搭配蔬菜汤，如罗宋汤等。

粉薯蒸排骨

2人　35分钟

轻食瘦身小贴士

芋头可增强脾胃功能，胃肠道功能不好的人食用芋头有助于健脾消食，促进食物的消化吸收。天然的多糖类植物胶体，可以促进食欲、帮助消化。

芋头与排骨同食，有非常好的润肠通便作用，适当食用可以改善便秘。

食谱营养成分

总热量：794kcal

蛋白质：43.3g

脂肪：63.5g

碳水化合物：12.7g

纤维素：1.0g

材料

荔浦芋头100g，精排骨250g，葱段、姜片各适量。

调味料

料酒、生抽、蚝油、胡椒粉、盐各适量。

食材功效

芋头属于淀粉类蔬菜，含丰富的营养物质，多种维生素可以增强人体免疫功能。芋头中的黏液蛋白被人体吸收后有助于产生免疫球蛋白，提高机体免疫力。

做法

❶准备食材，芋头去皮切块备用。

❷排骨用葱段、姜片、料酒、生抽、蚝油、胡椒粉、盐腌制30分钟。

❸取大碗，腌好的排骨铺入碗底，上面放芋头块。

❹上锅蒸制40分钟，取出倒扣到盘内，撒适量葱花即可。

烹饪小提示

芋头不要切太大块。

建议搭配

吃这道菜需要减少碳水化合物的摄入，可搭配丰富的蔬菜同食，如炒青菜或凉拌菜。

1 | 2 | 3 | 4

凤梨鸡肉粒

2人　15分钟

轻食瘦身小贴士

菠萝中的蛋白酶能有效分解食物中的蛋白质，增加肠胃蠕动。搭配菠萝不仅能增加鸡肉的风味感，同时菠萝酸甜的口感，有促进食欲、减肥消脂的作用。

食谱营养成分

总热量：274kcal
蛋白质：37.9g
脂肪：8g
碳水化合物：13.4g
纤维素：1.6g

材料

菠萝100g，鸡胸肉150g。

调味料

橄榄油5g，番茄沙司、白醋、盐、生抽、料酒各适量。

食材功效

菠萝蛋白酶有利于降低血压，稀释血脂，预防脂肪沉积。

做法

❶准备食材，菠萝切碎。
❷鸡肉切小块，放入有料酒的滚水中焯至变色捞出。
❸碗内依次放入番茄沙司、白醋、生抽、盐、适量清水，调成汁。
❹锅内倒入少许底油，放菠萝炒出汤汁。
❺加入调味汁，小火烧3分钟。
❻倒入焯好的鸡肉丁翻炒，中火烧制5分钟即可出锅。

烹饪小提示

1. 鸡肉焯水变色即刻捞出，不要时间过久。
2. 菠萝切碎些，这样果香更浓郁。

建议搭配

菠萝可以换成苹果或甜橙。注意甜橙要关火后再放，以减少维生素C的损失。

1	2	3
4	5	6

藤椒口水鸡

2人 25分钟

轻食瘦身小贴士

鸡肉中含有较多的不饱和脂肪酸，能够降低对人体健康不利的低密度脂蛋白胆固醇的含量。经常食用水煮鸡肉有利于瘦身。搭配豆芽与黄瓜，营养更加均衡。

食谱营养成分

总热量：487kcal
蛋白质：51.4g
脂肪：28.1g
碳水化合物：7.5g
纤维素：0.8g
维生素C：9.8mg

材料

鸡腿1个，豆芽20g，黄瓜20g。

调味料

藤椒油10g，小米辣椒碎、大蒜末、葱花、香菜末、生姜、料酒、生抽、米醋、砂糖、芝麻粒各适量。

食材功效

鸡肉中维生素含量很高，尤其是维生素C和维生素E。高蛋白低脂肪的饮食有助于增强体力。

做法

❶准备食材。豆芽焯水后放冷水过凉，与切丝的黄瓜一起码放到盘内。

❷鸡腿放入加有料酒、生姜的滚水中煮开，转中小火煮20分钟，捞出晾凉。

❸鸡肉斩成小块铺在黄瓜豆芽上，备用。

❹取小碗混合所有调味料，再加小米辣椒碎、大蒜末、葱花拌匀。

❺加两勺煮鸡肉的汤汁，调成料汁。

❻搅拌均匀后淋到鸡肉上，撒适量芝麻和香菜即可。

烹饪小提示

鸡肉煮熟捞出后，马上投入冷水中，这样鸡肉口感更紧实。

建议搭配

食用时可搭配一份杂粮饭或粗粮馒头，另外加一份肉炒青菜。

1	2	3
4	5	6

茄汁酸汤煮肥牛

1~2人 25分钟

轻食瘦身小贴士

番茄搭配牛肉，有利于降低血压，保护心脑血管健康。

食谱营养成分

总热量：224kcal
蛋白质：18.8g
脂肪：12.4g
碳水化合物：11.9g
纤维素：3.5g
钙：11.6mg

材料

肥牛卷100g，番茄120g，金针菇60g，葱花适量。

调味料

番茄沙司20g，白醋、盐、生抽、料酒各适量。

食材功效

番茄中的番茄红素具有很强的抗氧化功效。

做法

❶准备食材，金针菇去根切段备用。
❷番茄切小块，打成泥备用。
❸肥牛卷放入有料酒的滚水中焯烫，变色后煮2分钟捞出。
❹锅内倒入400~500mL的清水，倒入打好的番茄泥。
❺依次加入番茄沙司、生抽、盐调味。
❻开锅后去浮沫，放入金针菇。
❼金针菇煮软后放入肥牛，再次开锅即可关火。
❽出锅前加少许白醋、葱花即可。

烹饪小提示

1. 肥牛提前焯水可去除部分杂质和嘌呤，减少油脂摄入。
2. 番茄可打成泥也可切大块，根据个人喜好调整。

建议搭配

可搭配一碗水煮荞麦面，同时再加一份绿叶蔬菜。

1	2	3	4
5	6	7	8

香煎牛肉芦笋卷

1~2人　25分钟

轻食瘦身小贴士

芦笋能提高机体代谢，经常食用对心脑血管疾病有一定的疗效。同时芦笋中的粗纤维有减轻体重的功效。

食谱营养成分

总热量：438kcal

蛋白质：22g

脂肪：38.6g

碳水化合物：2.6g

纤维素：1.5g

维生素C：5.6mg

材料

肥牛片6大片（约150克），芦笋80g。

调味料

盐、黑胡椒、柠檬汁各适量。

食材功效

芦笋含有丰富的B族维生素及多种微量元素，还具有人体所必需的各种氨基酸。同时芦笋有助于抑制癌细胞分裂与生长，刺激机体抗体的形成。

做法

❶准备食材。

❷芦笋切段后沸水焯一下，加盐调味，变色后捞出备用。

❸焯好的芦笋用肥牛片卷起来。

❹平底锅放入卷好的牛肉芦笋，煎至两面成熟，加入盐、黑胡椒调味。

❺将煎好的芦笋卷码放到盘内，食用时淋少许柠檬汁即可。

烹饪小提示

肥牛可选择新鲜的手切牛肋眼肉或牛上脑，手切肉片不要过厚。

建议搭配

可搭配杂粮饭或蔬菜汤，也可搭配一份豆制品。

彩椒芥蓝牛肉

2人 25分钟

轻食瘦身小贴士

牛肉是健身增肌人群的理想食材。其中的“肌氨酸”有助于减少胆固醇生成，促进肌肉发育。搭配彩椒可使营养更均衡。

食谱营养成分

总热量：226kcal
蛋白质：27.9g
脂肪：6.8g
碳水化合物：14.4g
纤维素：5.7g

材料

彩椒100g（红、黄彩椒各50g），芥蓝150g，牛里脊100g。

调味料

橄榄油5g，黑胡椒粉、盐、蚝油、料酒各适量。

食材功效

牛肉里的维生素B_6有利于身体蛋白质的合成，促进代谢，提高胰岛素合成。芥蓝含有大量膳食纤维，能预防便秘。彩椒的维生素C含量非常高，能改善动脉硬化，预防心脑血管疾病。

做法

❶准备食材。
❷彩椒、芥蓝切菱形块。
❸牛肉切薄片，加入料酒、盐拌匀，腌制10分钟。
❹把芥蓝放入滚水中，变色后捞出。
❺牛肉入锅炒至变色盛出。
❻锅内倒入底油，放彩椒、芥蓝煸出香味。
❼加入蚝油继续翻炒，放入炒好的牛肉。
❽加入黑胡椒，即可出锅。

烹饪小提示

1. 牛肉单独炒一下，变色即可出锅；去血水口感更好。
2. 芥蓝焯水后捞出，用冷水过一下，这样颜色不会变黄，口感也更脆爽。

建议搭配

可以搭配一份豆干拌菠菜，提高蛋白质及膳食纤维的摄入量。主食搭配红豆饭，可以延缓餐后血糖上升，而且红豆中的铁元素与维生素C可以改善女性减肥期间的贫血状况。

1	2	3	4
5	6	7	8

第七章
20款
低热量高营养的美味晚餐

晚餐，巧搭配“0负担”

早餐对付，午餐匆忙，晚餐时就想着如何犒劳自己，这是很多人的想法。这种饮食习惯不但不利于控制体重而且对身体有害。如何搭配才对呢？

网上流行的各种不吃晚餐、代餐减肥的效果都是一时的，最后都以失败告终。

怎样吃晚餐而不发胖？以本人为例，晚上用餐时间在6点到7点之间，距离睡觉3小时左右。这样的进食安排会降低肥胖概率，让食物在睡前消化大半。

晚餐要保持七分饱。吃得太饱会增加肠胃负担，给身体减负才是王道。

另外晚餐要少吃油腻的食物。把红烧肉、炸鸡翅换成清蒸鱼、水煮虾或鸡肉沙拉等，再搭配一份凉拌青菜。这样不仅有吃肉的满足感，而且脂肪摄入也不会增加。如果赶上单位聚餐、亲友吃饭的话，要尽量餐前先喝一杯鲜榨玉米汁或豆浆，然后再吃菜，或者喝一杯清水也可以。

主食方面要选择白天无法摄入的粗粮或豆类。很多人的午餐大多是外卖，便当也是精加工米面，很少有杂粮及豆类。所以晚上回家用餐可选择豆粥，用蒸土豆或蒸山药来代替一部分主食。

蔬菜方面，晚餐优先选择沙拉、蒸菜、凉拌菜。搭配少许鸡蛋或瘦肉，再选择饱腹感强的主食。

适当增加运动量。肌肉运动、有氧运动交叉进行，这样更有助于提高机体的代谢能力。

本章精选20款“0负担”的美味晚餐，以蔬菜搭配少量肉类为主，也有饱腹感超强的汤菜美食。让我们一起打破吃晚餐就发胖的魔咒，让晚餐不再清汤寡水！

鲜味蒸蔬菜

1~2人　25分钟

轻食瘦身小贴士

蒸菜充分保留了食材的清香和甜美。脂肪含量低，膳食纤维丰富，特别适合减肥期间食用。其中山药、胡萝卜都可以代替部分主食，还有西蓝花和青笋，营养均衡又美味。

食谱营养成分

总热量：120kcal
蛋白质：5.6g
脂肪：3.7g
碳水化合物：17.8g
纤维素：2.3g

材料

胡萝卜50g，山药50g，西蓝花50g，青笋100g，即食鹰嘴豆30g。

调味料

橄榄油3g，蒸鱼豉油、蚝油各适量。

食材功效

西蓝花膳食纤维含量高，可以预防便秘。

胡萝卜有降低血脂、预防肥胖的作用。

山药含有大量的多糖物质，对人体有特殊的保健作用，能预防脂肪在血管壁上沉积。

做法

1. 准备食材。取小碗，混合上述调味料，备用。
2. 胡萝卜、山药、青笋去皮切块，西蓝花切成小朵。依次码放到盘内，上锅蒸10分钟。开锅后再蒸6分钟，先取出西蓝花，大约6分钟后取出山药，5分钟后取出胡萝卜与青笋。蔬菜码放到盘内，中间放上鹰嘴豆。
3. 蒸好的蔬菜可蘸调味汁食用，也可把调味汁淋到蔬菜上。

烹饪小提示

蔬菜块尽量不要切得过大，以免蒸制时间过久而使口感不佳。

建议搭配

山药可用南瓜或地瓜代替。蔬菜可选择自己喜欢的种类。若午餐摄入的蛋白质不足，可搭配豆干、鸡胸肉、虾等来丰富晚餐。

1 | 2 | 3

萝卜丝蚝饼

1~2人　20分钟

轻食瘦身小贴士

生蚝搭配白萝卜，营养美味又瘦身 。

食谱营养成分

总热量：294kcal

蛋白质：17.5g

脂肪：10.4g

碳水化合物：35.6g

纤维素：3.3g

锌：10.3mg

钙：307mg

材料

白萝卜300g，生蚝6只（约120g），鸡蛋1枚，葱适量。

调味料

橄榄油3g，面粉20g，盐、柠檬汁、胡椒粉各适量。

食材功效

生蚝又称牡蛎，锌的含量非常高，是补充锌元素的好食材。生蚝所含的牛磺酸、DHA等营养元素对智力发育有重要作用。白萝卜中B族维生素、维生素C含量很高，同时钙元素非常丰富，与牡蛎同食可预防减脂期间的钙流失。

做法

❶准备食材。

❷生蚝去壳加盐，用清水浸泡10分钟。

❸白萝卜切成细丝，加少许盐拌匀；葱切碎。

❹挤出白萝卜中的水分，与面粉、鸡蛋、胡椒粉、葱花混合拌匀。

❺生蚝沥干水分，加入柠檬汁拌匀。

❻平底锅内倒入适量橄榄油，把拌好的萝卜丝均匀铺在锅内，放入生蚝。煎至底部金黄即可出锅。

烹饪小提示

1. 萝卜尽量切细丝，也可以使用擦菜板。
2. 生蚝用水洗净，沥干后，再放柠檬汁。
3. 生蚝尽量不要与萝卜混合，以免出水。

建议搭配

可搭配五谷杂粮粥或米糊，另外也可增加一份瘦肉炒青菜或凉拌豆制品。

1 2 3
4 5 6

豆浆茼蒿金针菇

1人　20分钟

轻食瘦身小贴士

茼蒿所含的粗纤维有助于肠道蠕动，促进消化，降低胆固醇。

食谱营养成分

总热量：164 kcal
蛋白质：15.1g
脂肪：6.9g
碳水化合物：11.7g
纤维素：2.6g
钙：93mg

材料

无糖纯豆浆400g，茼蒿100g，金针菇50g。

调味料

盐、胡椒粉各适量。

食材功效

大豆中的大豆磷脂有瘦身作用，有助于提高机体代谢。

做法

❶准备食材。
❷茼蒿切段，金针菇去根切段。
❸锅内倒入豆浆，开锅后放入金针菇。
❹再次开锅后放入茼蒿段。
❺加入少许盐、胡椒粉即可。

烹饪小提示

豆浆最好选自制豆浆，也可用无糖豆浆粉。

建议搭配

这款汤可搭配糙米饭或南瓜米饭等主食。

越南春卷

2人　20分钟

轻食瘦身小贴士

木瓜与海鲜、肉类同食可促进脂肪代谢，具有抗氧化作用。木瓜蛋白酶能分解蛋白质，促进消化。彩椒清炒或凉拌能补充维生素C。

越南春卷透明的饼皮，可看到里面的食材，有助于增强食欲。

食谱营养成分

总热量：150kcal

蛋白质：7.8g

脂肪：0.6g

碳水化合物：23.5g

纤维素：1.2g

钙：22.8mg

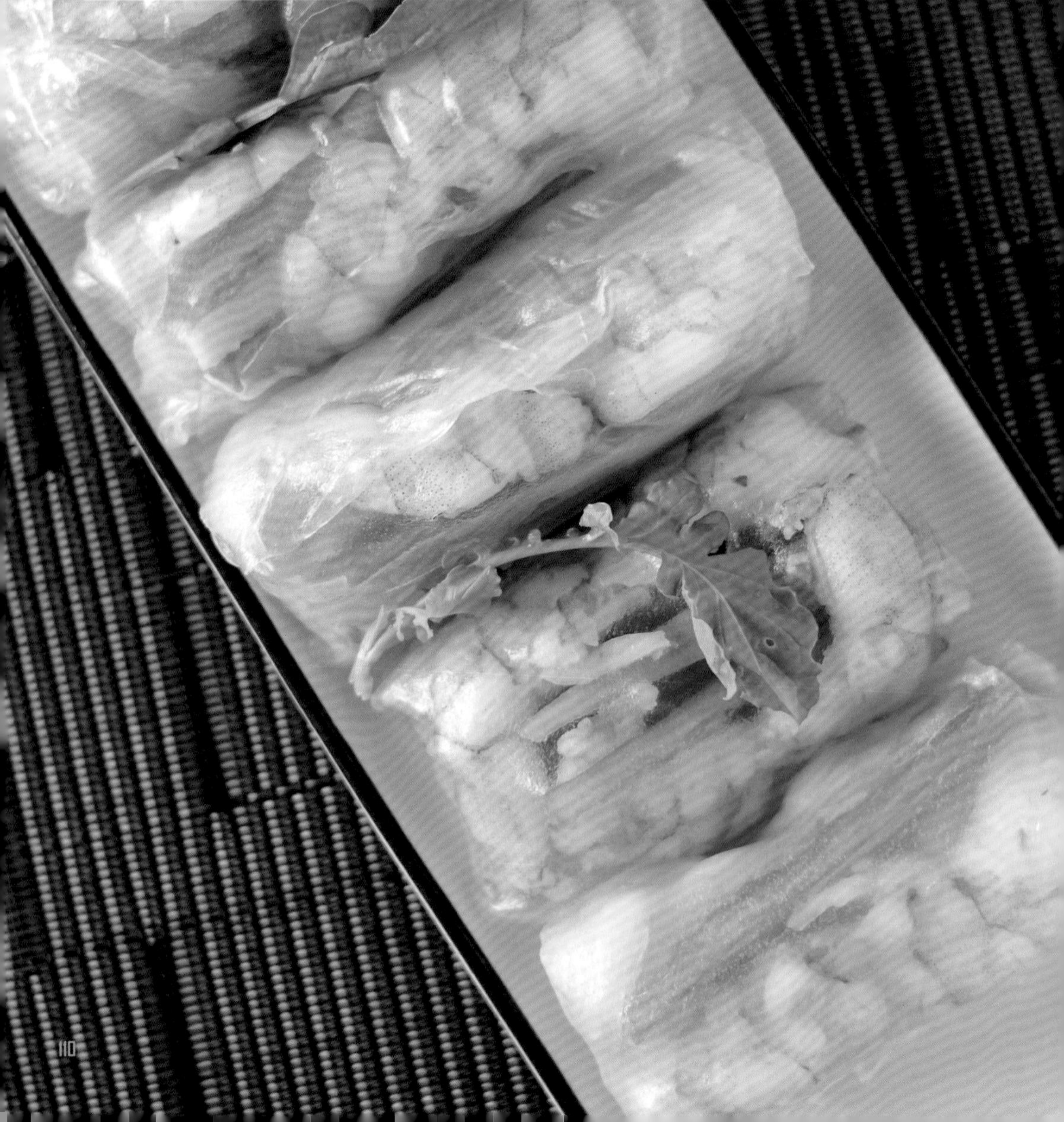

材料

越南春卷皮5片，蟹柳肉4根，彩椒30g，木瓜60g，大虾仁3只。

调味料

泰式甜辣酱、柠檬汁各适量。

食材功效

木瓜富含维生素和抗氧化胡萝卜素。木瓜蛋白酶能分解蛋白质，促进消化。

做法

❶准备食材。

❷虾仁放入清水焯熟，加入适量柠檬汁去腥。

❸焯好的虾仁中间划开，一分为二；彩椒切丝、木瓜切细条、蟹柳肉切细丝。

❹春卷皮用温水略泡10秒左右取出。

❺将食材依次卷入春卷皮中。

烹饪小提示

1. 卷好的春卷蘸泰式甜辣酱食用即可。
2. 蟹柳选择开袋即食的纯蟹柳肉。

建议搭配

也可以减少彩椒用量，搭配胡萝卜、莴笋等食材来丰富口感。

青瓜刷脂刮油汤

2人 20分钟

轻食瘦身小贴士

西瓜的利尿作用能减轻腿部浮肿。对因长时间坐在电脑前而双腿肿胀的女性来说，西瓜是最佳的美腿纤体水果。

食谱营养成分

总热量：228kcal
蛋白质：13.4g
脂肪：10.5g
碳水化合物：20.3g
纤维素：5.4g
钙：271.6mg

材料

西瓜皮100g，木耳（泡发）40g，玉米粒40g，豆干50g，黄豆芽50g，金针菇50g，小米椒10g。

调味料

橄榄油3g，胡椒粉、盐、米醋、生抽各适量。

食材功效

西瓜中含有钾元素，有消肿功效；抗氧化成分有助于抑制癌细胞增长。

做法

❶准备食材，西瓜皮去红瓤、绿皮，留中间白瓤切丝备用。
❷木耳、豆干切丝，金针菇去根，小米椒切碎。
❸锅内倒入少许油，放入黄豆芽炒香。
❹放入玉米粒、西瓜皮、木耳、豆干翻炒。
❺依次加入盐、胡椒粉、生抽调味，加适量清水。
❻开锅后放入金针菇，再煮5分钟，出锅前放米醋调味；撒小米椒碎。

烹饪小提示

豆干选白豆干、熏豆干均可。

建议搭配

西瓜皮还可以凉拌，搭配芹菜、苦瓜、银耳都是不错的选择。

1 2 3
4 5 6

核桃仁橘子沙拉

1人　15分钟

轻食瘦身小贴士

橘子中维生素C及B族维生素含量都很高，可以预防动脉硬化。天然的果胶、水溶性膳食纤维素有助于降低胆固醇，帮助代谢。搭配黄瓜、生菜很适合减脂期食用。

食谱营养成分

总热量：184kcal
蛋白质：4.8g
脂肪：9.3g
碳水化合物：22.8g
纤维素：3.4g
钙：79.2mg
维生素C：61.7mg

材料

生菜60g，橘子150g，黄瓜50g，核桃仁15g。

调味料

柠檬汁、盐、白砂糖各适量。

食材功效

橘子的营养价值较高，其中的橘皮苷有利于控制血糖，还有助于预防癌细胞的生成。

做法

❶准备食材。
❷用少许橘子挤出适量橘子汁；加入柠檬汁、盐、白砂糖调成汁备用。
❸生菜撕碎，黄瓜切薄片放入盘内。
❹橘子去皮，放在蔬菜上面。加入适量核桃仁。
❺淋上调味汁即可。

烹饪小提示

1. 橘子要去掉表面薄膜。
2. 砂糖不要放过多。

建议搭配

橘子最好剥皮，搭配新鲜的菜叶、甜椒均可。

咖喱鸡肉烩蔬菜

1~2人 30分钟

轻食瘦身小贴士

咖喱搭配膳食纤维丰富的土豆、胡萝卜，可以改善便秘，有益于肠道健康，还能促进能量代谢，有利于预防肥胖。

食谱营养成分

总热量：359kcal
蛋白质：22g
脂肪：19.1g
碳水化合物：29.8g
纤维素：6.6g
钙：55mg

材料

鸡肉80g，土豆80g，西蓝花60g，胡萝卜60g。

调味料

料酒5g，椰浆20g，橄榄油3g，咖喱粉、胡椒粉、盐各适量。

食材功效

咖喱的主要成分是姜黄粉、桂皮、丁香等含有辣味的香料，能促进唾液和胃液分泌，增进食欲。

做法

❶准备食材。鸡肉、土豆、胡萝卜、西蓝花切小块。
❷鸡肉用料酒腌制10分钟。
❸锅内倒入少许橄榄油，放入腌好的鸡肉翻炒。
❹放入土豆、胡萝卜翻炒，加入适量胡椒粉调味。
❺倒入椰浆以及适量清水。
❻放入咖喱粉、盐调味。
❼炖煮15分钟后，放入西蓝花。
❽煮至收汁即可出锅。

烹饪小提示

不要选择咖喱块，咖喱块中的淀粉及各种调料对菜品的热量有影响，不利于体重控制。

建议搭配

由于原料中有土豆，要注意减少主食的摄入量。

南瓜培根萝卜苗

1人 15分钟

轻食瘦身小贴士

南瓜中含有淀粉酶，可以分解食物中的淀粉， 有减肥瘦身的作用。其中的芥子油能促进胃肠蠕动，增加食欲，促进消化。

食谱营养成分

总热量：190kcal

蛋白质：7.7g

脂肪：13.2g

碳水化合物：11.1g

纤维素：1.2g

材料

南瓜100g，培根50g，萝卜苗30g。

调味料

橄榄油3g，芥末酱、柠檬汁、黑胡椒各适量。

食材功效

萝卜苗含丰富的维生素C和微量元素锌，有助于增强机体的免疫功能。木质素、辅酶等有利于预防肿瘤，提高机体巨噬细胞的活力。

做法

❶准备食材，萝卜苗洗净。

❷南瓜切条，培根一分为二。

❸平底锅放入培根，煎成两面焦香，取出备用。

❹用煎培根剩余的油煎南瓜，加入黑胡椒粉，煎至两面金黄后取出。

❺芥末酱、柠檬汁、黑胡椒混合成汁。

❻盘内铺上洗好的萝卜苗，淋上调好的汁；上面铺上煎好的培根和南瓜条即可。

烹饪小提示

1. 南瓜煎制过程中需要翻面，避免烤糊。
2. 可适量加盐调味，但不要超过2g。

建议搭配

萝卜苗可用芦笋、芝麻菜等食材替换，也可加些萝卜头，风味更佳。

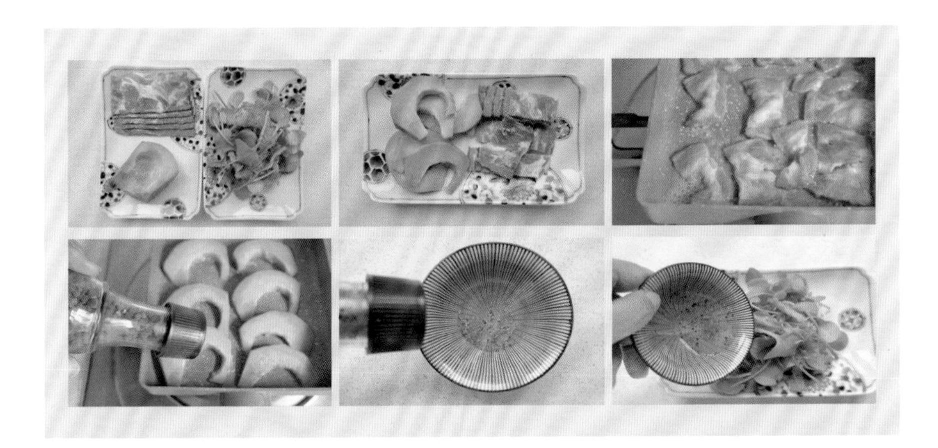

1 2 3
4 5 6

泰式香草青柠猪肉条

1~2人 30分钟

轻食瘦身小贴士

彩椒和洋葱中的膳食纤维有助于降低血糖和血压，是三高及肥胖患者的最佳食材。

食谱营养成分

总热量：290 kcal
蛋白质：21.5g
脂肪：19.6g
碳水化合物：9g
纤维素：2.6g

材料

瘦里脊肉100g，青柠檬50g，紫甘蓝30g，洋葱30g，彩椒50g。

调味料

橄榄油3g，牛至末、欧芹、盐、柠檬汁、黑胡椒粉、甜辣酱各适量。

食材功效

瘦里脊属于优质蛋白，能提供人体必需的氨基酸及B族维生素，增强人体活力。丰富的铁、磷等矿物质更容易被人体吸收。

做法

❶准备食材，瘦里脊切3~4厘米长的条。

❷里脊条用青柠檬汁、盐、黑胡椒、欧芹、牛至末腌制10分钟。

❸紫甘蓝、洋葱、彩椒切丝，蔬菜码放到盘内。

❹平底锅内倒入少许橄榄油，把腌制的猪肉条煎至两面金黄。

❺煎好的里脊条码放到盘内，与蔬菜一起混合。

❻加适量泰式甜辣酱，青柠檬切片，拌匀即可。

烹饪小提示

1. 猪肉煎制不要放过多的油。
2. 若没有牛至末、欧芹，也可以不放。

建议搭配

可以选择卷心菜或西生菜来代替紫甘蓝，搭配少量意大利面或荞麦面均可。

1 | 2 | 3
4 | 5 | 6

魔芋萝卜泥芸豆

1~2人　25分钟

轻食瘦身小贴士

魔芋富含膳食纤维，其中的葡甘聚糖凝胶有助于降血脂、降血糖，有瘦身减肥的作用，搭配芸豆可以提高饱腹感。辣椒中的辣椒素，有助于促进脂肪燃烧。

食谱营养成分

总热量：81kcal
蛋白质：3.4g
脂肪：3.8g
碳水化合物：9.6g
纤维素：2.8g
钙：104.9mg

材料

魔芋丝50g，芸豆角100g，小萝卜30g，小米椒1根。

调味料

香油3g，米醋、盐、白芝麻各适量。

食材功效

芸豆中的皂苷类物质能促进脂肪代谢。魔芋中有较丰富的淀粉及多种维生素，其中的魔芋多糖，即葡甘露聚糖，高达30%，是非常好的减脂食品。

做法

1. 准备食材。
2. 芸豆角切小段，小萝卜切片，小米椒切碎。
3. 锅内烧水，水开后放入芸豆角，煮20分钟捞出，放入冷水中备用。
4. 魔芋丝、小萝卜放入料理杯内。
5. 加入米醋、盐、香油打成泥，倒入碗内。
6. 放入煮好的芸豆角、小米椒，充分拌匀，最后撒点白芝麻即可。

烹饪小提示

芸豆角一定要煮透。

建议搭配

可搭配适量的绿叶蔬菜，减少主食的摄入。

1 2 3
4 5 6

施特罗加诺夫炖牛肉

2人 40分钟

轻食瘦身小贴士

传统的施特罗加诺夫炖牛肉主要用蔬菜肉酱沙司配番茄罐头。这款稍微做了一些调整，把蔬菜与番茄切碎，减少调味料的摄入，相对更健康营养。

食谱营养成分

总热量：319 kcal
蛋白质：32.3g
脂肪：13.7g
碳水化合物：19.6g
纤维素：3.9g

材料

牛肉150g，杏鲍菇60g，洋葱50g，卷心菜60g，番茄120g。

调味料

橄榄油5g，番茄沙司、白葡萄酒、盐、黑胡椒粉、百里香碎、甜罗勒碎各适量。

食材功效

番茄中的茄红素是天然的抗氧化剂，可以抗衰老。即便加热，也不会大量流失营养成分。酚类有抗动脉粥样硬化的作用。杏鲍菇富含蛋白质及多种矿物质，有助于改善人体免疫功能。

做法

❶准备食材，牛肉切成小块。
❷牛肉冷水下锅，加适量白葡萄酒，开锅后捞出。
❸洋葱、番茄、卷心菜切碎；杏鲍菇切成小块。
❹倒入橄榄油，放入洋葱碎炒香。
❺放入卷心菜碎、番茄块。
❻放入煮好的牛肉块翻炒出香味。
❼加入番茄沙司、白葡萄酒炖煮。
❽开锅后加入杏鲍菇。
❾依次加入盐、黑胡椒粉、百里香碎、甜罗勒碎调味。
❿加入少许清水，转中小火继续炖煮30分钟即可出锅。

烹饪小贴士

1. 牛肉可选偏瘦一点的部位，上脑最佳。
2. 可选红酒，但不要选甜葡萄酒。

建议搭配

搭配藜麦饭或杂粮饭更佳。

1	2	3	4	5
6	7	8	9	10

黑椒洋葱口蘑

2人　30分钟

轻食瘦身小贴士

口蘑能降低胆固醇，促进消化，同时保护肠胃；与洋葱搭配有燃脂的作用。

食谱营养成分

总热量：137kcal

蛋白质：9.3g

脂肪：6.1g

碳水化合物：14.6g

纤维素：0.5g

材料

洋葱50g，口蘑7个。

调味料

橄榄油5g，黑胡椒、盐各适量

食材功效

口蘑易被人体吸收，富含植物蛋白质，糖分和脂肪极少，是糖尿病和高血压者良好的蛋白质来源。同时含丰富的铁元素，有助于预防贫血。

做法

❶准备食材。
❷口蘑去掉中间根茎备用。
❸洋葱切碎，加入橄榄油、盐、黑胡椒拌匀。
❹烤箱预热，口蘑朝上放在烤盘上，把洋葱碎放中间填满。
❺放入烤箱内，上下火180度烤25分钟即可。

烹饪小提示

烘烤时注意调整口蘑的位置，不要烤糊。

建议搭配

口蘑搭配淡奶油、瘦肉都很适合；不过要注意奶油的用量，多加入富含膳食纤维的蔬菜，如芦笋、豌豆、海带均可。

萝卜苗蟹味菇意面沙拉

1人 25分钟

轻食瘦身小贴士

萝卜苗的膳食纤维含量很高，有助于预防便秘及结肠癌。

食谱营养成分

总热量：251kcal

蛋白质：9.4g

脂肪：4.0g

碳水化合物：44.5g

纤维素：2.8g

钙：22.4mg

材料

萝卜苗30g，蟹味菇50g，生菜10g，意大利面50g，彩椒30g，洋葱30g。

调味料

橄榄油3g，盐、柠檬汁、白砂糖、黑胡椒粉各适量。

食材功效

萝卜苗是蔬菜中含钙最高的，其维生素C含量也较高。从营养成分来说，萝卜苗也是人体摄取天然维生素K的最佳食品。维生素A的含量是西蓝花的3倍。

做法

❶准备食材。

❷萝卜苗洗净切段，生菜、彩椒切丝，洋葱切丝备用。

❸碗内依次加入柠檬汁、盐、黑胡椒粉、橄榄油、白砂糖调成汁。

❹蟹味菇开水下锅焯烫，捞出备用。

❺意面开水下锅，开锅后煮12分钟捞出，用少许橄榄油拌匀。

❻煮好的意面与萝卜苗、生菜、彩椒、洋葱丝混合。放入蟹味菇，与意面、蔬菜一起混合。

❼最后淋上调味汁，拌匀即可。

烹饪小提示

1. 加柠檬汁可以提升沙拉整体的口感。
2. 白砂糖不要加得过多，控制在5g内。

建议搭配

蟹味菇可以换成白玉菇或香菇，蔬菜可以用苦菊或芝麻菜代替，意大利面注意不要过量。

竹荪虫草清鸡汤

1~2人 30分钟

轻食瘦身小贴士

竹荪含有丰富的水溶性纤维，能减少脂肪堆积，促进肠蠕动，防止便秘，很适合与鸡肉搭配。

食谱营养成分

总热量：297kcal
蛋白质：34.1g
脂肪：11.2g
碳水化合物：12g
纤维素：5.6g

材料

竹荪（泡发）50g，虫草花（泡发）30g，琵琶鸡腿1个，姜2片，枸杞适量。

调味料

料酒、胡椒粉、盐各适量。

食材功效

竹荪富含19种氨基酸，营养价值可与鸭肉媲美，其含有的胶质有养颜作用，多糖还有防癌的功效。虫草花富含30多种人体所需的蛋白质、氨基酸及许多微量元素，是高蛋白低脂肪食品。

做法

❶准备食材，竹荪、虫草花分别用温水浸泡2小时，枸杞洗净。

❷鸡腿肉切成小块备用。

❸鸡腿肉冷水下锅，放入料酒、姜去腥；开锅后煮5分钟捞出。

❹锅内再次烧水，冷水放入焯好的鸡肉。

❺开锅后放虫草花，炖煮 30分钟。

❻再放入泡好的竹荪、枸杞煮10分钟；出锅前加少许盐、胡椒粉提味即可。

建议搭配

主食搭配全麦馒头或面条，再搭配一份凉拌绿叶菜，这样营养更均衡。

1 2 3
4 5 6

蔬菜冷串串

2~3人　30分钟

轻食瘦身小贴士

春笋中的植物纤维能促进肠道蠕动，防止便秘。海带、魔芋、豆皮都是很好的瘦身食材。

食谱营养成分

总热量：511kcal
蛋白质：18.3g
脂肪：39.6g
碳水化合物：23.3g
纤维素：5.8g
维生素C：48.9mg
钙：290.2mg

材料

西蓝花、泡发木耳、春笋、魔芋、干豆腐皮、海带50g。

麻椒辣椒油

滚油30g，辣椒粉、麻椒粉、孜然粉、白芝麻各适量。

调味料

麻椒辣椒油30g，柠檬片30g，白砂糖5g，凉开水20g，生抽、米醋、蚝油、盐、大蒜、葱花、香菜各适量。

食材功效

春笋中的低聚果糖对人体非常有益，不仅能降低血脂及胆固醇，还能增加肠道益生菌的数量。西蓝花有助于提高机体免疫力，丰富的钙质可以与牛奶媲美，乳糖不耐受者可以从西蓝花中获取钙质。

做法

❶准备食材。
❷把所有蔬菜串到竹签上备用。
❸取小碗，所有调味料混合成汁备用。
❹锅内烧水，水开后放入春笋、海带、木耳、西蓝花，煮2分钟左右；放入豆腐皮、魔芋，再煮3~4分钟取出。
❺煮好的串串码放到盘内，晾凉后淋上料汁即可。

烹饪小提示

1. 蔬菜可根据喜好作相应调整，如替换成莲藕、土豆片等，但不建议选择叶菜。
2. 若不喜欢麻油可以替换成香油，克数不变。

建议搭配

蔬菜可以随意选择，如白萝卜、香菇、地瓜等；用粗纤维薯类代替主食。

蛤蜊豆腐味噌汤

2人 15分钟

轻食瘦身小贴士

豆腐富含蛋白质，其营养价值可与海鲜、红肉相媲美。经常食用可减少体内脂肪堆积，是减脂期理想的瘦身食材。

食谱营养成分

总热量：169 kcal

蛋白质：16.8g

脂肪：7.4g

碳水化合物：9.2g

钙：246mg

材料

蛤蜊100g，豆腐100g。

调味料

味增10g，清水约600mL，盐、白酒、料酒适量。

食材功效

蛤蜊属于高蛋白、低脂肪食材，有助于胆固醇的清除，能降低体内胆固醇水平。豆腐中的氨基酸和蛋白质含量非常高，其中78%是不饱和脂肪酸；消化吸收率高达95%以上，是很好的轻食营养食材。

做法

1. 准备食材。
2. 豆腐切小块；蛤蜊提前用盐水、白酒浸泡3小时。
3. 蛤蜊洗净加入放有料酒的滚水中，焯烫至蛤蜊开口，捞出备用。
4. 冷水放入味增。
5. 开锅后放入豆腐，转中小火炖煮10分钟。
6. 再次开锅后去掉浮沫，放入蛤蜊，再煮3分钟即可。

烹饪小提示

1. 蛤蜊开口后即刻捞出，焯的时间不要过久。
2. 蛤蜊要吐净沙子再焯水。

建议搭配

味增汤里面还可以加入西葫芦，也可以加海带或魔芋来丰富口感。

1 2 3
4 5 6

减脂去水肿拌三丝

2人 20分钟

轻食瘦身小贴士

冬瓜含有丙醇二酸，有助于抑制糖转化为脂肪，适合三高人群食用。容易出现水肿的人可以多吃冬瓜。搭配低热量、高纤维的绿豆芽，非常适合瘦身者食用。

食谱营养成分

总热量：73kcal

蛋白质：1.9g

脂肪：5.3g

碳水化合物：5.5g

纤维素：2.3g

材料

冬瓜100g，绿豆芽60g，海带丝50g。

调味料

香油5g，盐、味精、陈醋、白芝麻各适量。

食材功效

冬瓜富含维生素C，有美容养颜的作用，有利于抑制黑色素的生成。绿豆发芽后蛋白质转换成氨基酸，更容易被人体吸收。

做法

❶准备食材，海带丝提前用水浸泡1小时。

❷冬瓜切细丝，绿豆芽去根备用。

❸冬瓜、海带丝、豆芽分别滚水焯烫，再投入冷水中捞出。

❹依次加入盐、味精、陈醋、香油、白芝麻拌匀即可。

烹饪小提示

先焯烫海带丝，再焯烫冬瓜和豆芽。

建议搭配

可煮一些玉米面条搭配；也可用黄豆芽代替绿豆芽。

1 2 3 4

1~2人　25分钟

轻食瘦身小贴士

茄子中的胆碱及皂草苷有助于减少体内胆固醇的堆积。与芹菜中的粗纤维一起食用，可以促进肠道蠕动，预防心脑血管疾病。

食谱营养成分

总热量：94 kcal

蛋白质：3.2g

脂肪：2.4g

碳水化合物：16.2g

纤维素：2.6g

材料

茄子1根，芹菜15g，大蒜30g，小米辣5g，青椒15g。

麻椒辣椒油

蚝油、生抽、香醋各适量，玉米油少许。

食材功效

茄子含有抗氧化酚类及大量花青素，其中维生素E能增强血管弹性，预防动脉硬化，有保护血管的作用。有研究认为，茄子中的龙葵碱对防治胃癌有一定效果。

做法

❶准备食材，芹菜、大蒜、小米椒、青椒分别切末备用。
❷所有蔬菜放入碗内，加入蚝油、生抽、香醋调匀备用。
❸茄子一分为二，表面涂抹适量玉米油。
❹烤箱预热，茄子码放到烤盘上。
❺烤箱190度烤制5~8分钟取出，放入调好的大蒜碎，再放入烤箱内，烤12~15分钟取出即可。

烹饪小提示

1. 芹菜要选根茎嫩一点的。
2. 根据自家烤箱的特点适当调节烤制时间。

建议搭配

烤茄子时可搭配西葫芦、尖辣椒等食材。

上汤碧玉卷

1~2人 30分钟

轻食瘦身小贴士

莲藕中的纤维素，容易消化吸收，有减肥的功效。搭配高蛋白低脂肪的虾仁，是减肥人士的最佳食材。

食谱营养成分

总热量：124kcal
蛋白质：12.3g
脂肪：1.1g
碳水化合物：18.4g
纤维素：3.8g

材料

卷心菜200g，虾仁80g，莲藕80g。

调味料

生抽、盐、料酒、胡椒粉各适量。

食材功效

莲藕富含糖类及胡萝卜素，其中的磷能促进人体生长发育，维持机体的生理功能。

做法

❶准备食材。
❷莲藕切块，与虾仁混合放入绞肉机内。
❸加入盐、料酒、胡椒粉调味，打碎备用。
❹卷心菜剥开后，用水烫一下捞出。
❺把调好的馅放入烫好的卷心菜上，卷好，码放到盘内。
❻上锅蒸制15分钟，取出装盘。
❼食用时淋少许生抽即可。

烹饪小提示

1. 卷心菜滚水焯烫，时间不要过久。
2. 馅料不建议打成泥，可以带些颗粒，吃起来更爽脆鲜美。

建议搭配

也可用白菜来代替卷心菜。

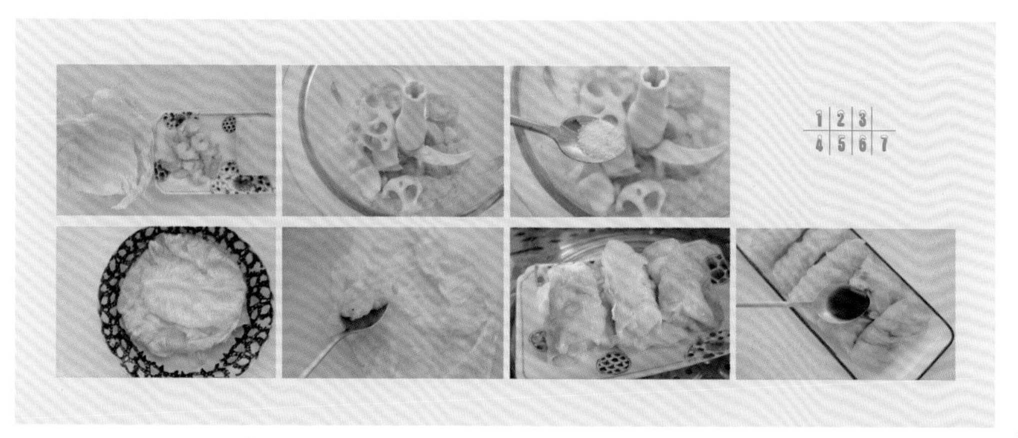

香煎苦瓜酿肉

1人 15分钟

轻食瘦身小贴士

苦瓜富含水溶性纤维，有利于胆固醇代谢，促进肠道健康。所含多肽类物质有利于降低血糖。

总热量：239kcal
蛋白质：21.8g
脂肪：11.4g
碳水化合物：13.2g
纤维素：2.4g

材料

苦瓜150g，猪肉馅100g。

调味料

淀粉5g，橄榄油5g，盐、胡椒粉、料酒、芝麻粒各适量。

食材功效

苦瓜含蛋白质及膳食纤维，其中所含的维生素C是所有瓜果类食物中最高的，苦瓜碱是预防肿瘤的重要物质。

做法

❶准备食材。
❷苦瓜去掉中间的瓤，切成约3厘米的厚片。
❸猪肉馅加入料酒、盐、胡椒粉、淀粉，腌制15分钟。
❹苦瓜中间放入猪肉馅。
❺锅内倒少许油，放苦瓜煎制。
❻出锅前撒入适量黑胡椒粉、芝麻粒。

烹饪小提示

猪肉馅不要放得太满。

建议搭配

馅料里面可加入胡萝卜或莲藕，增加口感，营养也更丰富。

1 2 3
4 5 6

第八章 20款 轻食下午茶助力快乐生活

甜美的下午茶"食光"

提到甜品、冷饮，大家都会习惯性的认为是"减肥路上的绊脚石"。其实吃甜品也可以巧妙地避开长肉，享受甜品和冷饮带给我们的满足感与幸福感。

因为蛋糕绵软好消化，所以很多人吃甜品的速度都很快，除了甜，什么味道都还没品尝出来就吃完了，然后就会有再来一块的冲动。

吃甜食不能狼吞虎咽，吃得越快，血糖上升得就越快，热量就越无法消耗，滞留在体内转变成脂肪。因此，甜品要慢慢享受。可以把高热量甜品放在餐前吃。餐前吃甜品可以占据一部分胃容量，避免晚餐摄入过多的脂肪。提前垫底，更能有效抑制用餐时的大吃大喝。

另外，甜品尽量不在晚上吃。很多白领都有晚餐后约上几个好闺蜜再来点甜品或奶茶的习惯。

在减重期间，偶尔可以用甜品犒劳一下自己。在甜品选择上要理性一些，尽量选择低卡低脂肪的甜品，如少糖的水果布丁、豆乳蛋糕、全麦坚果蛋糕、酸奶思慕雪等。轻乳酪蛋糕、提拉米苏、黑巧克力蛋糕也可以，不过要选择小块的，控制摄入量。同时搭配无糖茶饮或黑咖啡，淡蜂蜜柠檬水也是不错的选择。

饮品方面，要选择无糖或少糖的饮品，用纯牛奶替换淡奶油，多用水果，少用果糖浆。

本章精选20款下午茶甜品及果蔬饮品助力轻食生活。多以天然水果、纯牛奶、豆制品、咖啡等低卡食材为原料。将现下流行的网红饮品进行改良，打造好喝、好吃又减脂的下午茶。感受甜蜜好时光，轻松"享瘦"快乐生活。

桂花酒酿蛋花

2人 10分钟

轻食瘦身小贴士

酒酿可以促进肠道菌群的平衡，有利于肠道健康。酒酿能促进肠道蠕动，促使排气，改善消化功能。

食谱营养成分

总热量：255kcal
蛋白质：10.5g
脂肪：5.2g
碳水化合物：40.8g
纤维素：0.3g
钙：37.4mg
镁：5.3mg

材料

甜酒酿100g，鸡蛋50g，清水350~400mL，干桂花适量。

食材功效

酒酿能暖胃，促进血液循环。秋冬季节可以帮助抵御寒冷。酒酿还具有美白作用。与鸡蛋搭配，营养成分更丰富。

做法

❶准备食材。
❷鸡蛋打散备用。
❸小锅内烧水，水开后放入甜酒酿。
❹开锅后，放入蛋液，快速滑散。
❺再次开锅后放入适量干桂花，盛出即可。

烹饪小提示

酒酿本身自带甜味，无需额外放糖。

建议搭配

酒酿搭配鸡蛋很有营养，里面还可以加入红薯或山药，增加膳食纤维的摄入。

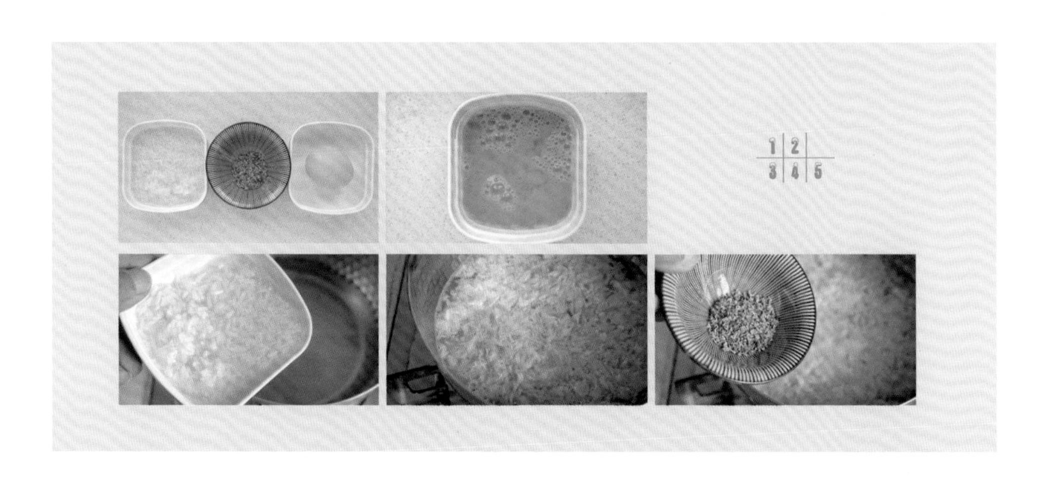

饱腹感超强的能量棒

3人 40分钟

轻食瘦身小贴士

没有添加额外的糖分和油脂，完全是藜麦及坚果自带的脂肪与甜香；食用时口感丰富，香脆可口。丰富的蛋白质、膳食纤维使人精力充沛，同时提高饱腹感，减少晚餐的摄入量。

食谱营养成分

总热量：657kcal

蛋白质：21.6g

脂肪：20.2g

碳水化合物：89.9g

纤维素：8.6g

钙：156.4mg

镁：181.7mg

材料

藜麦30g，燕麦片50g，鸡蛋1枚，牛奶10g，坚果（核桃、葡萄干、蔓越莓、无花果、花生）15g。

食材功效

藜麦属于低脂低糖谷物，含有大量的膳食纤维，进食后饱腹感很强，既能减少用餐次数，也能减少用餐量。另外，藜麦可防止营养过剩导致的肥胖。

做法

❶准备食材。
❷藜麦清洗后，放沸水中煮10分钟捞出。
❸再放入燕麦片，煮3~5分钟，关火捞出。
❹取大碗，依次放入煮好的藜麦、燕麦片，再放入鸡蛋、牛奶、坚果，充分拌匀。
❺烤箱预热，将食材均匀平铺在烤盘上。
❻烤箱上下火180度，烤制20分钟。取出后趁热切成粗条，放凉即可食用。

烹饪小提示

1. 藜麦、燕麦片要沥干水分。
2. 能量棒放凉后，可密封在无油无水的玻璃罐内，在阴凉处保存，尽快食用。
3. 铺在烤盘上的食材不要太厚，烤制时注意温度。

建议搭配

可搭配一份维生素C含量丰富的水果，如青苹果、草莓、猕猴桃等。能量棒热量较高，不建议多食。

1 | 2 | 3
4 | 5 | 6

夏日里的小清新

1人 10分钟

轻食瘦身小贴士

黄瓜、柠檬、绿茶都是低热量食物。能增强新陈代谢，提高能量消耗；有利于抑制肥胖，尤其对内脏脂肪堆积的改善很有帮助。

食谱营养成分

总热量：112kcal
蛋白质：3.2g
脂肪：1.2g
碳水化合物：22.2g
纤维素：4.7g
钙：80.8mg
维生素C：25.2 mg

材料

绿茶5g，青柠檬半个，黄瓜2~3片，百香果半个，蜂蜜20g，温水350mL，冰块适量。

食材功效

青柠檬富含维生素C和有机酸，是促进能量代谢的重要物质，同时有刺激肠道蠕动的作用。每100克青柠檬仅24千卡的能量，是理想的瘦身水果。茶叶中的咖啡碱能提高胃液的分泌，帮助消化。

做法

1. 准备食材，百香果取出果肉与蜂蜜混合。
2. 绿茶用温水泡10分钟，滤出茶汁放凉。
3. 在玻璃杯内挤入适量青柠檬汁，剩余柠檬切成薄片备用。
4. 玻璃杯内依次放入百香果蜂蜜、黄瓜片、冰块，倒入泡好的绿茶。
5. 最后放青柠檬片装饰即可。

建议搭配

可搭配一片低卡饼干。饮品中没有添加糖，完全是水果与黄瓜自带的甜香。胃肠虚弱者不建议饮用。

奶香燕麦蓝莓挞

2~3人　25分钟

轻食瘦身小贴士

蓝莓富含有机酸、膳食纤维及果胶，与酸奶一起食用有纤体轻身作用。同时燕麦是粗纤维谷物，饱腹感十足，可以减少晚餐的摄入量。

食谱营养成分

总热量：309kcal
蛋白质：7.6g
脂肪：2.7g
碳水化合物：66.2g
纤维素：4.4g
钙：135.6mg
镁：61.9mg

材料

即食燕麦片50g，低脂（原味）酸奶80g，蓝莓60g，蜂蜜15g。

食材功效

酸奶中的益生菌有利于肠道健康。蓝莓富含花青素及维生素C，有较好的抗氧化作用。

做法

❶准备食材。酸奶内放入燕麦片，搅拌成泥状。
❷蓝莓洗净后，放入蜂蜜拌匀。
❸取适量燕麦泥放入烤盘内，形成碗状。
❹烤箱预热后，上下火200度烤制15分钟，至表面金黄取出。
❺取适量拌好的蓝莓，放在烤好的燕麦碗内即可。

烹饪小提示

1. 酸奶尽量选择低糖原味酸奶。
2. 蜂蜜主要起到增加风味的作用，不建议过多添加。

建议搭配

饮品可搭配一杯红茶。水果可替换成草莓、樱桃、猕猴桃等。

黑白映画

1人　15分钟

轻食瘦身小贴士

减肥期间，饮用低脂牛奶最为适合，可减少脂肪的摄入量，与黑巧克力搭配有助于燃脂瘦身。

食谱营养成分

总热量：310kcal

蛋白质：15g

脂肪：18.2g

碳水化合物：20.6g

纤维素：1.5g

钙：343.4mg

镁：72mg

材料

黑巧克力20g，低脂牛奶300mL，榛子仁10g，冰块适量。

食材功效

低脂牛奶的脂肪含量只有全脂牛奶的一半，而其他营养成分相差无几。黑巧克力富含多种矿物质，所含的咖啡因有抑制食欲的作用，并能促进人体新陈代谢。

做法

❶准备食材，榛子仁压碎备用。

❷黑巧克力加入适量牛奶，隔水融化。

❸趁热倒入杯子内，用勺随意划几下，形成不规则的纹路。

❹放入冰块，倒入混合了黑巧克力的低脂牛奶，再撒适量榛子碎即可。

烹饪小提示

选择纯度含量在80%以上的黑巧克力为佳。

建议搭配

黑巧克力食用要适量，每天不要超过50克。

若不喜欢榛子仁可以不加，但要注意从其他食物中补充足够的蛋白质。

椰汁咖啡布丁

2人 25分钟

轻食瘦身小贴士

喝黑咖啡可辅助减重，但不能过量，也不建议长期饮用。过度饮用黑咖啡会对肠胃造成刺激。加入适量椰浆或牛奶，可以保护胃黏膜。

食谱营养成分

总热量：619kcal
蛋白质：5.2g
脂肪：42.5g
碳水化合物：59.9g
纤维素：3.3g
钙：28mg
镁：56.1mg

材料

椰浆150mL，清水50mL，黑咖啡粉5g，白凉粉30g，椰蓉10g，白砂糖20g，清水150g。

食材功效

黑咖啡含有大量的维生素B_2、泛酸及抗氧化多酚。能促进新陈代谢，加快肠道蠕动，有利于减肥。

做法

❶准备食材。
❷椰浆加入清水、白凉粉15g、白砂糖10g，搅拌均匀，上锅熬煮开。
❸熬好的椰汁倒入模具内，晾凉后放冰箱冷藏40分钟。
❹再次烧水，放入黑咖啡粉，加白凉粉15g、白砂糖10g，搅拌均匀。
❺取出冷藏的椰汁冻，倒入咖啡液，再次放入冰箱冷藏1小时。
❻取出后码放到盘内，撒适量椰蓉即可。

烹饪小提示

1. 椰汁熬制时要不停地搅拌，以免糊锅。
2. 咖啡一定要选无糖无奶精的黑咖啡粉。

建议搭配

无需额外搭配。若今天水果摄入量不足，可适量增加些低糖分的水果，如草莓、蓝莓等。

1 2 3
4 5 6

水果柠檬红茶

1~2人 10分钟

轻食瘦身小贴士

红茶是一种全发酵茶，富含的咖啡因有助于将堆积的脂肪分解到血液中，让运动时的“燃脂力”加倍，从而达到减肥的效果。水果自带的甜香与红茶混合，味道令人惊喜。菠萝、苹果中的果胶与茶碱能促进脂肪燃烧，提高代谢。

食谱营养成分

总热量：63kcal
蛋白质：0.6g
脂肪：0.5g
碳水化合物：14.6g
纤维素：0.8g
钙：27.8mg
镁：11.6mg

材料

红茶包1个，柠檬20g，苹果15g，菠萝20g，西柚20g，蜂蜜10g。

食材功效

红茶可以帮助消化，促进食欲，并有助于强壮心脏。红茶中的黄酮类化合物有利于消除自由基，降低心肌梗塞的发病率。

做法

❶准备食材。
❷小锅内放入红茶包和清水。
❸水开后放入苹果、菠萝，煮5~8分钟。
❹关火后放入柠檬片、西柚片。
❺过滤倒入玻璃杯内，加适量蜂蜜调味。

烹饪小提示

1. 除小锅外，用养生壶或煮茶器均可，不限容器。
2. 苹果、菠萝切薄片，这样能更好地入味。
3. 煮水果的时间不宜过长。

建议搭配

不建议选择维生素C含量高的水果，如草莓、猕猴桃等。
苹果也可用梨、蜜瓜代替。

薏米百合银耳羹

2人 60分钟

轻食瘦身小贴士

银耳炖煮后产生丰富的胶质，有利于润肤祛斑，丰富的膳食纤维可促进肠道蠕动，具有清洁肠胃的作用，是最佳的减肥食品。与维生素C含量丰富的百合搭配，有利于加速脂肪代谢。

食谱营养成分

总热量：249kcal
蛋白质：5.0g
脂肪：1.2g
碳水化合物：56.9g
纤维素：4.0g
钙：34.0mg
镁：37.3mg

材料

薏米20g，干百合15g，银耳5g，大枣6颗，蜂蜜10g。

食材功效

薏米富含蛋白质、维生素B_1、维生素B_2，同时含有多种矿物质，有促进新陈代谢和减少胃肠负担的作用。

银耳中的纤维可减缓消化速度，加快胆固醇代谢，减少脂肪吸收。

做法

❶准备食材，薏米、干百合、银耳、大枣，提前用温水泡软。

❷泡好的银耳撕成小朵，大枣洗净备用。

❸养生壶内加冷水，除蜂蜜外，放入所有食材同煮，开锅后转小火炖煮1小时，放凉后加入蜂蜜即可。

烹饪小提示

1. 薏米、百合、银耳可以提前一天泡发。
2. 大枣也可剪开，这样甜味能更好的融入汤汁里。
3. 除养生壶外，也可以用锅炖煮。
4. 食用时淋少许蜂蜜调味。

建议搭配

可额外加入枸杞或莲子，不仅能增加风味，还有安神助眠作用。对减肥期间出现的精力不足有很好的调节作用。

1|2|3

桂花紫薯小圆子

1人　20分钟

轻食瘦身小贴士

紫薯含丰富的纤维素，可促进肠胃蠕动，改善消化道环境，防止胃肠道疾病的发生。与牛奶搭配可增加营养，提高饱腹感。

食谱营养成分

总热量：224kcal
蛋白质：4.6g
脂肪：3.9g
碳水化合物：43g
纤维素：2.5g
钙：131mg
镁：37mg

材料	食材功效
紫薯100g， 牛奶100g， 桂花酱10g。	100g紫薯仅含0.2g脂肪，是低热量食物，有利于减肥。同时紫薯含有多糖、黄酮类物质，并且还富含硒元素和花青素，具有预防高血压、减轻肝功能障碍、抗癌的功效。

做法

❶准备食材。
❷紫薯去皮上锅蒸熟。
❸紫薯压成泥状备用。
❹加入适量牛奶，搅拌均匀。
❺放入模具内（或用手搓成球），码放在盘中。
❻食用时淋适量桂花酱即可。

烹饪小提示

1. 紫薯尽量搅拌至无颗粒状，这样口感更顺滑。
2. 牛奶不要一次性加入，分次加入，调整至最佳状态。

建议搭配

可以把牛奶换成酸奶，酸奶要选择低糖或无糖酸奶。

1 2 3
4 5 6

豆蔻年华

1 …分钟

轻食瘦身小贴士

火龙果是一种低热量的水果，富含水溶性膳食纤维，有降低胆固醇的功效。丰富的纤维能预防便秘。同时维生素C可以帮助脂肪燃烧。

养成

总热量：160kcal

蛋白质：1.6g

脂肪：6.6g

碳水化合物：26.1g

纤维素：2.1g

钙：32.5mg

镁：28.4mg

材料

红心火龙果80g，胡萝卜30g，苹果60g，淡奶油20g，白砂糖5g，清水少许。

食材功效

胡萝卜的维生素A含量很高，丰富的胡萝卜素能保护心血管系统。食用适量胡萝卜有利于降低胆固醇及预防心脏疾病。同时胡萝卜中还含有降糖物质，是糖尿病患者的理想食品。

做法

1. 准备食材，火龙果、胡萝卜、苹果去皮切小块。
2. 切好的水果放入料理杯内，加少许清水、淡奶油、白砂糖，打成汁。
3. 倒入玻璃杯内，表面装饰少许淡奶油即可。

烹饪小提示

水果本身自带甜味，砂糖不要放太多。

建议搭配

火龙果的糖分以葡萄糖为主，不含果糖和蔗糖，这种天然葡萄糖容易被机体吸收利用，糖尿病患者不建议多饮。

1 | 2 | 3

热带风情

2~3人 15分钟

轻食瘦身小贴士

菠萝含有多种抗氧化类维生素，有助于延缓慢性疾病及三高症。

食谱营养成分

总热量：433kcal
蛋白质：3.3g
脂肪：36.7g
碳水化合物：38.3g
纤维素：2.6g
钙：17.4mg
镁：21.3mg

材料

菠萝120g，芒果80g，淡奶油100g，白砂糖15g。

食材功效

淡奶油含有丰富的蛋白质，可以促进人体的新陈代谢，调节肠胃功能。菠萝含有丰富的维生素C，是苹果的4倍，有助于肉类食物消化。同时菠萝也是锰的重要来源。

做法

❶准备食材。
❷一部分菠萝、芒果切成小丁，剩余的切块备用。
❸搅拌杯内放入淡奶油、菠萝块、芒果块、白砂糖，打成泥状。
❹准备冰糕模具，放入适量的菠萝丁、芒果丁。
❺倒入拌好的果泥奶糊，冷冻3小时即可。

烹饪小提示

1. 若喜欢口感细腻的雪糕，水果可全部打成糊。
2. 水果本身带有自然的甜味，要少加砂糖，也可不加。

建议搭配

芒果纤维含量高，能促进肠道蠕动，但热量也较高，吃多容易摄入过多能量，所以芒果不要放得太多。

向日葵的美好

1~2人 20分钟

轻食瘦身小贴士

南瓜中大量的纤维素可以在肠道形成凝胶物质，减少肠道对糖的吸收，有利于控制血糖，是肥胖者的理想食品。

食谱营养成分

总热量：225kcal
蛋白质：8.1g
脂肪：6g
碳水化合物：35.2g
纤维素：2.3g
钙：215.9mg

材料

南瓜100g，低脂牛奶150g，炼乳10g，蓝莓10颗，坚果麦片15g，白砂糖5g。

食材功效

南瓜富含胡萝卜素及叶黄素，有利于强化免疫系统功能。

做法

❶准备食材。
❷南瓜去皮切块，放入料理杯内。
❸料理杯加入牛奶、炼乳、白砂糖，选择米糊或浓汤功能。
❹煮熟后倒入盘内，撒适量坚果麦片做装饰。
❺最后放入适量蓝莓即可。

烹饪小提示

南瓜也可提前蒸熟，用勺子压成无颗粒的泥状，再分次加入牛奶。

建议搭配

牛奶可替换成酸奶，但炼乳的量要减少或者不加，避免摄入过多糖分。

肉桂苹果焗香蕉

1人 20分钟

轻食瘦身小贴士

肉桂富含纤维素、抗氧化花青素，能降低血液中氧化物的水平。香蕉含糖较高，餐前食用能提高饱腹感。搭配苹果不仅能提升口感，还能增加甜品的风味。

食谱营养成分

总热量：135kcal
蛋白质：1.9g
脂肪：0.3g
碳水化合物：32.2g
纤维素：2.0g
钾：332.1mg
镁：52.8mg

材料

苹果30g，香蕉120g（去皮），肉桂粉适量。

食材功效

香蕉含有丰富的钾元素，可以调节情绪，同时促进肠胃蠕动，松弛肌肉，是很好的瘦身食物。

做法

❶准备食材，烤箱提前预热。

❷香蕉去皮放到烤盘上，苹果切薄片，码放在香蕉上。

❸在已造型的香蕉上撒肉桂粉。

❹放入烤箱内，上下火180度烤8~10分钟即可。

烹饪小提示

1. 苹果不要切得太厚，以便能码放到香蕉上。
2. 根据自家烤箱的功能及个人口味，可适量调整温度和烤制时间。

建议搭配

香蕉含碳水化合物较多，所以不建议多吃。

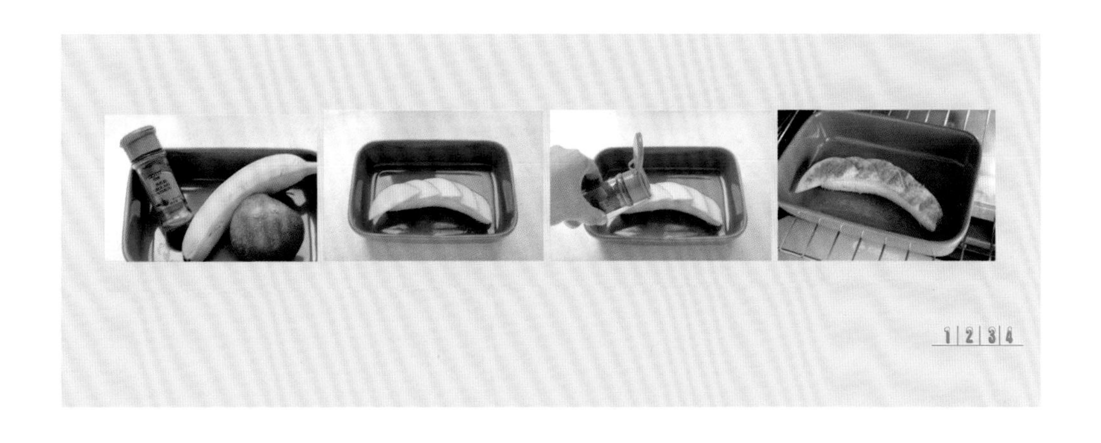

1|2|3|4

山『橙』印象

2~3人 60分钟

轻食瘦身小贴士

山药含有淀粉酶、多酚氧化酶等物质，有利于脾胃消化。搭配纤维素丰富的橙子，有助于加快肠道蠕动。

食谱营养成分

总热量：645kcal
蛋白质：20.6g
脂肪：20g
碳水化合物：95.4 g
纤维素：2.1g
钙：242.6mg
镁：51.1mg

材料

山药80g，甜橙50g，低筋面粉60g，橄榄油10g，白砂糖30g，泡打粉2g，鸡蛋2枚。

食材功效

山药富含多种维生素及矿物质，有助于降低动脉硬化的发病率，同时有增强人体免疫力的作用。橙子中含有矿物质、果胶、维生素C及有机酸，可调节人体新陈代谢，增强机体抵抗力。

做法

❶准备食材。
❷山药洗净去皮，打成泥备用。
❸分离蛋清蛋黄，蛋黄内加入山药糊、橄榄油和少许白砂糖。
❹甜橙一分为二，一半切片，一半切小丁，添加少许白砂糖搅拌一下。
❺山药糊内放入腌制好的橙子丁，筛入低筋面粉、泡打粉后，充分搅匀。
❻准备无水无油的容器，放入蛋清、白砂糖，用电动打蛋器搅打。
❼蛋清中速打发约10分钟，蛋液气泡由大变得细腻，色泽开始慢慢转白。
❽二次加入白砂糖，换高速档搅打5分钟，至蛋糊表面能够留下痕迹且没有即刻消失。
❾取1/3蛋糊放入山药面糊内拌匀。
❿搅拌好的山药糊全部倒入剩余的蛋糊中拌匀。
⓫倒入模具中，震荡几下放入烤箱内，上下火170度烤40分钟。
⓬面糊烤好后取出，倒扣放凉，表面装饰橙片即可。

烹饪小提示

1. 判断打发是否到位，可用搅拌头在蛋液表面画“8”字。如果“8”字可以清晰地保持在蛋糊表面一段时间不消失，说明打发到位了。
2. 砂糖不建议放得过多。
3. 橙片一定要等蛋糕彻底放凉后再装饰。

搭配建议

这款蛋糕口感偏湿润，质地绵软，可搭配牛奶或红茶食用。

芝香零食棒

2~3人　40分钟

轻食瘦身小贴士

无油低脂，丰富的小麦原香不用担心发胖；添加坚果能提升口感。

食谱营养成分

总热量：357kcal

蛋白质：14.3g

脂肪：10.5g

碳水化合物：51.2g

纤维素：2.7g

钙：87.5mg

镁：47.7mg

材料

低筋面粉100g，鸡蛋液60g，牛奶10g，盐2g，黑芝麻5g，花生10g（熟）。

食材功效

芝麻含有大量的脂肪和蛋白质,其中的亚油酸有调节胆固醇的作用。

鸡蛋是优质蛋白的来源，其中的卵磷脂、对神经系统的发育有很大作用。

做法

❶准备食材，烤箱提前预热。

❷花生压碎，把所有材料混合在一起（留少许蛋液），揉成面团。

❸静置15分钟后擀成薄片，切成约小手指长短的粗条，码放在烤盘里。

❹零食棒表面刷蛋液，上下火200度烤20分钟即可。

烹饪小提示

1. 烤制期间可以翻面一次。
2. 若不喜欢花生的颗粒感，也可打碎混合到面团内。
3. 面粉本身带着麦香味，加上芝麻和花生可丰富零食棒的口感，无须额外加糖。

建议搭配

花生、芝麻本身富含大量的油脂，不建议额外加食用油。

零食棒可搭配红茶或黑咖啡等低脂饮品。

抹茶蔓越莓酸奶蒸糕

2~3人　40分钟

轻食瘦身小贴士

酸奶有利于预防动脉硬化，降低血液中的“坏胆固醇”含量，提高人体代谢效率。摄入适量绿茶还能预防高血压，促进代谢，两者搭配有减脂瘦身的作用。

食谱营养成分

总热量：452kcal

蛋白质：10g

脂肪：6g

碳水化合物：90g

纤维素：2g

钙：359g

材料

低筋面粉70g，原味酸奶60g，鸡蛋50g，蔓越莓干10g，白砂糖15g，泡打粉3g，抹茶粉5g。

食材功效

绿茶含有多酚类化合物，称为茶多酚，可以清除体内自由基，有抗氧化的作用。酸奶中的乳酸可改善肠道菌群，保健肠胃。

做法

❶准备食材。
❷大碗内放入鸡蛋、酸奶，搅拌均匀后放入砂糖，继续搅拌。
❸倒入过筛的面粉、抹茶粉、泡打粉，充分搅拌，至面糊无颗粒。
❹蔓越莓干切碎后放入面糊里，搅拌均匀。
❺容器中刷少许橄榄油，倒上拌好的面糊，装饰几颗蔓越莓干。
❻上锅蒸30~35分钟，关火再闷2~3分钟后取出。

烹饪小提示

1. 最好选择低脂低糖酸奶。
2. 面粉一定要搅拌至无颗粒状。
3. 也可以用烤箱烤制，上下火各180度，烤40分钟。

建议搭配

可搭配一些富含维生素C、果胶、纤维素的水果。酸奶本身有一定的甜度，不建议再多加糖。

1 | 2 | 3
4 | 5 | 6

奇亚籽燕麦黄桃酸奶杯

2人 20分钟

轻食瘦身小贴士

黄桃中含有大量的果胶和纤维素，可以促进肠胃蠕动，有润肠通便的作用，对于预防便秘有一定的帮助。

食谱营养成分

总热量：319kcal
蛋白质：9.2g
脂肪：6.7g
碳水化合物：54.9g
纤维素：5.1g
钙：205.4mg
镁：23.8mg

材料

即食燕麦片20g，奇亚籽粒10g，黄桃30g，原味酸奶150g，蜂蜜20g，白砂糖5g，热水适量。

食材功效

黄桃含有丰富的维生素C、纤维素、番茄黄素及多种微量元素。

酸奶能促进消化液分泌，增强消化能力，促进食欲，维护肠道菌群生态平衡，抑制肠道有害菌的生长。

做法

❶准备食材，黄桃去皮切丁，用适量蜂蜜拌匀。

❷奇亚籽用温水浸泡15分钟后捞出，沥干水分，用蜂蜜拌匀。

❸燕麦片加适量白砂糖用热水冲泡，调成黏稠状。

❹取大口径玻璃杯，依次放入燕麦糊、酸奶、奇亚籽。

❺最后铺上一层黄桃丁即可。

烹饪小提示

1. 最好选低脂低糖酸奶。
2. 奇亚籽用温水浸泡膨发效果更佳。

建议搭配

黄桃可用油桃或白桃代替，也可选择自己喜欢的水果。

可可豆乳布丁

2人 30分钟

轻食瘦身小贴士

豆腐和牛奶自带的浓郁乳香，满足味蕾的同时，可以增强体力。豆制品会使人体产生饱腹感。

食谱营养成分

总热量：305kcal
蛋白质：17.4g
脂肪：13.6g
碳水化合物：28.6g
纤维素：0.8g
钙：243mg
镁：22.2mg

材料

内酯豆腐200g，牛奶200g，坚果10g（腰果、扁桃仁、核桃、葡萄干），白凉粉10g，白砂糖10g，可可粉适量。

食材功效

豆腐中的氨基酸和蛋白质含量非常高，78%为不饱和脂肪酸，有助于改善人体脂肪结构，有减脂纤体的作用。坚果能为人体提供丰富的镁和钾元素，预防浮肿。

做法

❶ 内酯豆腐搅拌成顺滑的豆腐泥备用。
❷ 放入白凉粉、砂糖拌匀。
❸ 分两次加入牛奶，充分搅拌。
❹ 隔水加热，至稍浓稠关火。
❺ 趁热倒入玻璃杯中，冷却后放冰箱内冷藏3小时。
❻ 取出后表面装饰可可粉，放上坚果碎即可。

烹饪小提示

1. 豆腐也可以用料理机打成泥。
2. 熬豆乳糊时，火不要太大，要小火慢慢搅拌。
3. 冷藏后再撒可可粉。

建议搭配

可以作为下午茶或餐后甜品。如当正餐食用，可搭配无油无糖的全麦面包、一小份蔬菜沙拉等。甜品中因有坚果，不建议再添加过多脂肪类食物。

1	2	3
4	5	6

绿野仙踪

1人 40分钟

食谱营养成分

总热量：262kcal

蛋白质：11.8g

脂肪：13.2g

碳水化合物：24.4g

纤维素：3.2g

钙：320.7mg

镁：61.1mg

材料

抹茶粉5g，低脂牛奶250g，牛油果60g，白砂糖5g，酸奶少许。

食材功效

抹茶富含茶多酚，能清除体内自由基，在抗衰老、增强机体免疫方面有显著效果。牛油果含多种维生素、丰富的脂肪酸和蛋白质，营养价值高。

做法

❶准备食材，牛油果去皮去核，切成小块。

❷将牛油果块放入料理杯内，倒入牛奶、抹茶粉、白砂糖。

❸混合物充分搅拌均匀，倒入玻璃杯内，表面点缀酸奶即可。

烹饪小提示

1. 减肥期，牛奶可选择低脂无糖的。
2. 牛油果选软一点的，不要太硬，以免影响口感。

建议搭配

牛油果热量较高，搭配的其他餐食可以选择低热量食物。

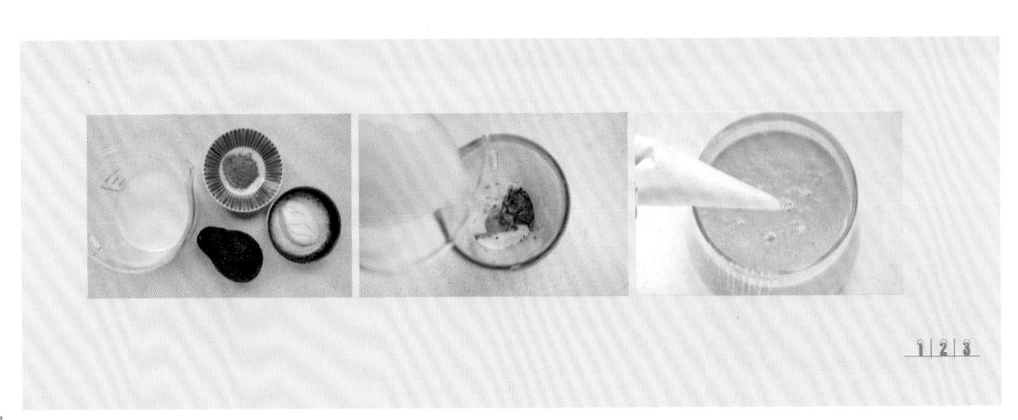

紫薯燕麦花生糊

2人 20分钟

食谱营养成分

总热量：542kcal

蛋白质：20.7g

脂肪：18.5g

碳水化合物：76.1g

纤维素：5.4g

钙：470.2mg

材料

花生15g，牛奶400g，清水100g，紫薯、燕麦片各50g。

食材功效

紫薯富含花青素，花青素属于黄酮多酚类化合物，具有抗氧化、消除自由基的作用。燕麦中富含β-葡聚糖等物质，具有重要的生理功能，有利于降低胆固醇。

做法

❶准备食材，紫薯去皮切块，燕麦、花生洗净备用。

❷所有食材放入料理杯内，选择“米糊”功能。

❸煮熟后倒入容器中即可。

烹饪小提示

1. 也可用豆浆机等厨房电器烹饪。
2. 没有加热功能的料理机，可待食材研磨成糊后，放入锅内煮开，小火再煮5分钟。（需不停搅拌，以免糊锅）

建议搭配

紫薯可以用南瓜、山药替换。注意尽量不要加糖。

写在最后

这不仅仅是一本减肥食谱，本书会告诉你合理饮食是多么重要！我经常组织线下营养课堂，讲的最多的话题也是怎样减脂瘦身，让自己瘦下来。“减肥”真是一个永恒的话题。我经常收到一些朋友发来的信息，咨询怎么吃不会发胖？减肥期是否可以吃某某食品？很多时候我都在想，大家把焦点都放到了怎样能瘦下来，甚至盲目进行极端的节食，却忽略了最基础的饮食习惯的养成，不知道“合理膳食与搭配”是多么重要的事情！

有时我们在选择食物时会做营养分析，关注食物的热量，这点非常好。但是在食物的烹饪方式上就不太注重了。有些食材本身营养价值高、热量低，但加工后反而不利于减重。相反有的人只做一些食之无味的清汤煮菜，最后饿的连走路的力气都没有了。

我一直想做一本关于如何规划每日膳食、轻享健康生活的饮食图书，与其说是减肥书，不如称之为“减重管理与控制指南”。本书中我分享了自己多年总结的经验，帮助大家合理控制自己的体重，避免体重的快增或速减。合理规划饮食，控制摄入量是关键，即便再好吃的食物也要适量。

减肥没有捷径，只有好好吃饭，才能达到健康瘦身的目的！